高职高专园林专业系列规划教材

园林设计初步

主　编　王　蕾
副主编　张　锐　刘浩然
参　编　戚余蓉　赵　玥
　　　　乔文轩　祁丽丽
　　　　史好鑫　张大治
　　　　肇丹丹
主　审　金锦花

机械工业出版社

本书按照高职高专园林工程技术专业和相关专业的教学基础要求，采用"项目——任务"的形式编写，力求继承与创新、全面与系统、实用与适用，体现职业教育教材的特点。根据方案设计、施工图设计岗位知识技能的需求，全书设7个项目：基础训练、色彩构成、表现技法、平面构成、立体构成、园林景观快题设计、作品实例。

本书适用于高职高专院校、应用型本科院校、成人高校及二级职业技术院校、继续教育学院和民办高校的园林及相关专业的学生，也可作为相关从业人员的培训教材。

图书在版编目（CIP）数据

园林设计初步/王蕾主编．—北京：机械工业出版社，2016.2（2021.1 重印）
高职高专园林专业系列规划教材
ISBN 978-7-111-52613-1

Ⅰ.①园…　Ⅱ.①王…　Ⅲ.①园林设计—高等职业教育—教材
Ⅳ.①TU986.2

中国版本图书馆 CIP 数据核字（2016）第 001742 号

机械工业出版社（北京市百万庄大街 22 号　邮政编码 100037）
策划编辑：时　颂　责任编辑：时　颂
责任校对：黄兴伟　封面设计：张　静
责任印制：张　博
北京宝隆世纪印刷有限公司印刷
2021 年 1 月第 1 版第 4 次印刷
184mm×260mm・7.5 印张・179 千字
标准书号：ISBN 978-7-111-52613-1
定价：42.00 元

凡购本书，如有缺页、倒页、脱页，由本社发行部调换
电话服务　　　　　　　　　网络服务
服务咨询热线：010-88379833　　机 工 官 网：www.cmpbook.com
读者购书热线：010-88379649　　机 工 官 博：weibo.com/cmp1952
　　　　　　　　　　　　　　　教育服务网：www.cmpedu.com
封面无防伪标均为盗版　　　金 书 网：www.golden-book.com

高职高专园林专业系列规划教材
编审委员会名单

主 任 委 员： 李志强

副主任委员： （排名不分先后）

迟全元　　夏振平　　徐　琰　　崔怀祖　　郭宇珍

潘　利　　董凤丽　　郑永莉　　管　虹　　张百川

李艳萍　　姚　岚　　付　蓉　　赵恒晶　　李　卓

王　蕾　　杨少彤　　高　卿

委　　　　员： （排名不分先后）

姚飞飞　　武金翠　　周道姗　　胡青青　　吴　昊

刘艳武　　汤春梅　　雒新艳　　雍东鹤　　胡　莹

孔俊杰　　魏麟懿　　司马金桃　　张　锐　　刘浩然

李加林　　肇丹丹　　成文竞　　赵　敏　　龙黎黎

李　凯　　温明霞　　丁旭坚　　张俊丽　　吕晓琴

毕红艳　　彭四江　　周益平　　秦冬梅　　邹原东

孟庆敏　　周丽霞　　左利娟　　张荣荣　　时　颂

出 版 说 明

　　近年来，随着我国的城市化进程和环境建设的高速发展，全国各地都出现了园林景观设计的热潮，园林学科发展速度不断加快，对园林类具备高等职业技能的人才需求也随之不断加大。为了贯彻落实国务院《关于大力推进职业教育改革与发展的决定》的精神，我们通过深入调查，组织了全国二十余所高职高专院校的一批优秀教师，编写出版了本套"高职高专园林专业系列规划教材"。

　　本套教材以"高等职业教育园林工程技术专业教学基本要求"为纲，编写中注重培养学生的实践能力，基础理论贯彻"实用为主、必需和够用为度"的原则，基本知识采用广而不深、点到为止的编写方法，基本技能贯穿教学的始终。在编写中，力求文字叙述简明扼要、通俗易懂。本套教材结合了专业建设、课程建设和教学改革成果，在广泛的调查和研讨的基础上进行规划和编写，在编写中紧密结合职业要求，力争能满足高职高专教学需要，并推动高职高专园林专业的教材建设。

　　本套教材包括园林专业的 16 门主干课程，编者来自全国多所在园林专业领域积极进行教育教学研究，并取得优秀成果的高等职业院校。在未来的 2~3 年内，我们将陆续推出工程造价、工程监理、市政工程等土建类各专业的教材及实训教材，最终出版一系列体系完整、内容优秀、特色鲜明的高职高专土建类专业教材。

　　本套教材适用于高职高专院校、应用型本科院校、成人高校及二级职业技术院校、继续教育学院和民办高校的园林及相关专业使用，也可作为相关从业人员的培训教材。

机械工业出版社

2015 年 5 月

丛 书 序

　　为了全面贯彻国务院《关于大力推进职业教育改革与发展的决定》，认真落实教育部《关于全面提高高等职业教育教学质量的若干意见》，培养园林行业紧缺的工程管理型、技术应用型人才，依照高职高专教育土建类专业教学指导委员会规划园林类专业分指导委员会编制的园林专业的教育标准、培养方案及主干课程教学大纲，我们组织了全国多所在该专业领域积极进行教育教学改革，并取得许多优秀成果的高等职业院校的老师共同编写了本套"高职高专园林专业系列规划教材"。

　　本套教材包括园林专业的《园林绘画》《园林设计初步》《园林制图（含习题集)》《园林测量》《中外园林史》《园林计算机辅助制图》《园林植物》《园林植物病虫害防治》《园林树木》《花卉识别与应用》《园林植物栽培与养护》《园林工程计价》《园林施工图设计》《园林规划设计》《园林建筑设计》《园林建筑材料与构造》等 16 个分册，较好地体现了土建类高等职业教育培养"施工型""能力型""成品型"人才的特征。本着遵循专业人才培养的总体目标和体现职业型、技术型的特色以及反映最新课程改革成果的原则，整套教材在体系的构建、内容的选择、知识的互融、彼此的衔接和应用的便捷上不但可为一线老师的教学和学生的学习提供有效的帮助，而且必定会有力推进高职高专园林专业教育教学改革的进程。

　　教学改革是一项在探索中不断前进的过程，教材建设也必将随之不断革故鼎新，希望使用本系列教材的院校以及老师和同学们及时将你们的意见、要求反馈给我们，以使本系列教材不断完善，成为反映高等职业教育园林专业改革最新成果的精品系列教材。

高职高专园林专业系列规划教材编审委员会

2015 年 5 月

前　　言

　　《园林设计初步》在园林专业中具有专业基础课和专业课的双重性，是主干课程。通过本课程的学习，让学生认识园林、接触园林并掌握园林设计的绘制方法及基本的园林设计要素，明确学习目标，为下一步的学习打下坚实的基础。本书的开发和编写，是基于工作过程，以就业为导向，以职业能力培养为本，以学习项目和任务为主线，贯穿人才培养全过程，打破学科本位思想，在课程结构设计上尽可能适应行业需要，结合学校实际情况和学生个体需求，遵循国家职业技能鉴定标准，突出职业岗位与职业资格的相关性。从而满足社会对实用型和应用型园林技术人才的需要。

　　本教材由黑龙江建筑职业技术学院王蕾担任主编，河北科技师范学院张锐、东北石油大学秦皇岛分校刘浩然担任副主编，参编人员有黑龙江建筑职业技术学院戚余蓉、祁丽丽、张大治、史好鑫，唐山职业技术学院肇丹丹，北京普玛建筑设计咨询有限公司乔文轩、赵玥。本教材由王蕾负责统稿，黑龙江建筑职业技术学院金锦花负责审稿。其中项目一、项目三、项目五、项目六、项目七由王蕾编写，项目二、项目四由张锐编写，刘浩然、戚余蓉、祁丽丽、张大治、史好鑫、乔文轩、赵玥、肇丹丹负责提供资料。教材的编写得到了黑龙江建筑职业技术学院、河北科技师范学院、唐山职业技术学院、北京普玛建筑设计咨询有限公司等院校和相关企业的领导、专家、老师的大力支持和关心，在此表示感谢。教材编写中还引用了大量前辈学者的观点、研究成果、文字和图片等，一并对他们表示衷心感谢。

　　本教材内容先进科学、简明实用、指导性强，可以作为"项目教学法"改革的主要教材和学材，可以作为景观设计师职业技能鉴定及岗位培训的教材和学材，也可作为广大园林设计人员、园林建筑设计与施工工作者的参考资料。

编　者

目　　录

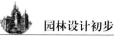

项目一 基础训练

项目引言

> 园林设计初步是园林专业的一门重要专业基础课，是学生认识设计、学习设计语言、绘制设计图、展示设计方案，并走向设计师的桥梁。
>
> 基础训练阶段是让学生理解、掌握，并能运用设计语言，为以后的设计阶段打下坚实的基础。

学习目标

> 掌握园林设计图纸中的数字、字母、各类字体以及常见图例。

任务一 字体练习

【任务分析】

字是图面的一部分，而选择合适的标题字会使图面美观生动。通过学习字体的书写方式，使学生掌握各种字体、数字及字母的特点及书写要领，并且在完成任务中应注意构图及审美能力的训练。

【任务目标】

掌握工程字体的规格、特点及书写要领。

【任务描述】

工程字体练习

1. 任务内容

书写黑体字、仿宋字、变形字、标题字、数字、字母，并经过版面设计，将所有内容组织在图纸上。

2. 任务标准

（1）构图严谨，图面和谐、优美。

（2）字体端正，结构合理，笔画正确。

（3）作业精致，图面整洁。

3. 图纸规格

A3 图纸（图幅 297mm×420mm）

【实例展示】

工程字体练习如图 1-1 所示，字体练习如图 1-2 所示。

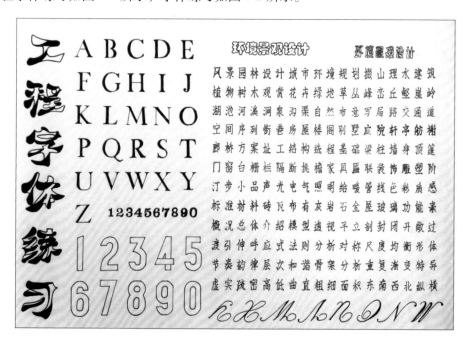

图 1-1　工程字体练习

图 1-2 字体练习

【知识链接】

设计图纸上采用的字体称为工程字体。字母、数字、汉字都是图纸中的重要内容。图纸上的字一般分为长仿宋字和标题字两大类。

1. 长仿宋字

图纸上的文字多采用长仿宋字。长仿宋字如图 1-3 所示。

图 1-3 长仿宋字

每一个汉字都是由笔画按照一定规则组成的，笔画应分布匀称，比例得当。书写笔画时应注意横平竖直、起落有力，仿宋字笔画示例如图 1-4 所示。

名称	横	竖	撇	捺	挑	点	钩
形状	一	丨	丿	㇏	㇀	丶	八	丁乚
笔法	一	丨	丿	㇏	㇀	丶	八	丁乚

图 1-4　仿宋字笔画示例

　　仿宋字的字体特点是：笔画粗细一致、整齐，易于书写，字体美观。它的高宽比一般为3∶2，字间距为字的四分之一高，行间距为字的三分之一高。字的大小要根据在图中的具体情况而定，仿宋字书写格式如图 1-5 所示。

　　书写要领：按格书写，形体统一；横平竖直，起落有力；结构匀称，比例合适；呼应穿插，和谐统一。仿宋字实例如图 1-6 所示。

园林设计图常用仿宋字

平面图立面图剖面图节点透视图鸟瞰图设计说明植物配置图表风景山石水体观赏花卉自然写意环境结构工程比例日期姓名班级学号图名指导教师成绩图幅封闭空间开敞空间交通分析景观节点功能分区形式法则尺度对称均衡结构韵律层次和谐骨架分析渐变特异湖河溪流彩色质感亭台楼阁丁香白桦松树杨树垂柳花楸榆树红瑞木常春藤法国梧桐棕榈砖瓦灰沙岩石金属玻璃要素别墅庭院门窗台阶栅栏光电照明标准建筑植物树木绿地草丛峰峦崖岭呼应

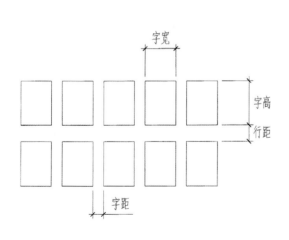

图 1-5　仿宋字书写格式　　　　　　　图 1-6　仿宋字实例

2. 标题字

　　常见标题字为黑体字和宋体字，如图 1-7 所示。黑体字是方块字，又称为黑方头，比例为 1∶1，书写时应横平竖直，笔画宽度一致。宋体字是仿毛笔字笔画的印刷体，在用作标题字时，多运用其变形体。

3. 数字及字母

　　图纸上的数字和字母都是图面表现的重要内容，书写时应尤其注意笔画笔顺、字体结构。数字和字母的特点是曲线较多，要注意笔画应圆润、光滑、粗细一致，如图 1-8 所示。

园林设计初步　黑体

园林设计初步　宋体

园林设计初步　仿宋体

园林设计初步　楷体

园林设计初步

园林设计初步

园林设计初步

园林设计初步

图 1-7　标题字

1234567890

1234567890

1234567890

1234567890

1234567890

abcdefghijklmnopqrstuvwxyz

abcdefghijklmnopqrstuvwxyz

abcdefghijklmnopqrstuvwxyz

ABCDEFGHIJKLMNOPQRSTUVWXYZ

ABCDEFGHIJKLMNOPQRSTUVWXYZ

ABCDEFGHIJKLMNOPQRSTUVWXYZ

图 1-8　数字及字母

【学习评价】

工程字体练习评价见表 1-1。

表 1-1　工程字体练习评价表

序　号	考核项目	评分依据	评分范围	分　值
1	构图	图面和谐优美，构图严谨	不符合扣分	10
2	表达	表达正确、规范，符合制图要求	不正确扣分	10
3	字体	结构合理，笔画正确，字体端正	不符合扣分	20
4	创造力	构图巧妙合理，具有创造性	不正确扣分	20
5	图面	图面整洁、精细，并完成全部任务	不符合扣分	10
6	工具使用	规范使用工具	实训中规范使用	10
7	功效	按计划按时完成任务	按时间完成任务	10
8	工作态度	积极主动	工作态度表现	10
			合计	100

【课外作业】

准确 A4 大小白纸本，每周一张仿宋字练习作业，至学期末，将在教学过程中定期检查，成绩为本课程成绩一部分。

任务二　图例练习

【任务分析】

园林设计图纸中有许多常用的符号、图例，熟知并学会绘制这些图例，具有十分重要的意义。通过学习园林设计中各种要素图例的画法，使学生能认图、识图并能画图。

【任务目标】

掌握园林设计中各个要素常见图例的画法。

【任务描述】

植物平立面图例练习

1. 任务内容

徒手绘制乔木、灌木、绿篱、草坪的平面图、立面图图例，图面布置应和谐、美观。

2. 任务标准

整体图面构图合理，内容全面、多样，线条流畅、娴熟，图面精美、整洁。

3. 图纸规格

A3 图纸（图幅 297mm×420mm）

【实例展示】

园林植物平面图练习如图 1-9 所示，园林植物立面图练习如图 1-10 所示。

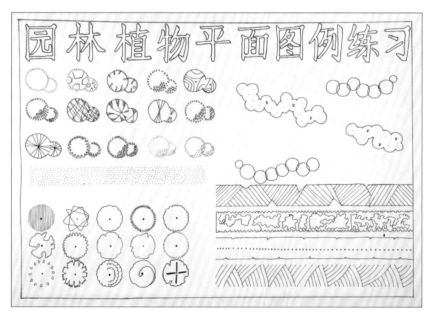

图 1-9　园林植物平面图练习

园林植物立面图练习

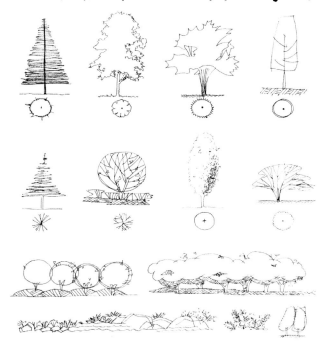

图 1-10 园林植物立面图练习

【知识链接】

在学习设计之前，首先应该能读懂图纸。园林制图中常用的图例图示，一般分为以下六类：

园林绿地规划用地类型图见表 1-2、园林绿地规划建筑图例见表 1-3、绿地规划山石图例见表 1-4、园林绿地规划水体图例见表 1-5、园林绿地规划小品设施图例见表 1-6、园林绿地规划植物图例见表 1-7。

表 1-2　园林绿地规划用地类型图

名　称	图　例	名　称	图　例
村镇建设用地		风景游览地	
游览度假地		服务设施地	
市政设施地		农业用地	

（续）

名　称	图　例	名　称	图　例
游憩、观赏绿地	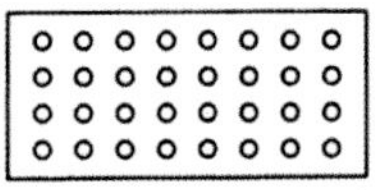	防护绿地	
文物保护地	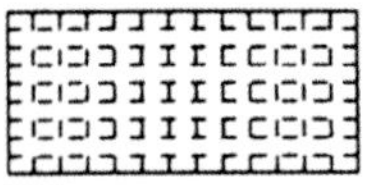	苗圃花圃用地	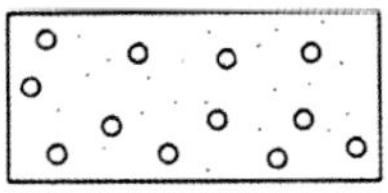
特殊用地	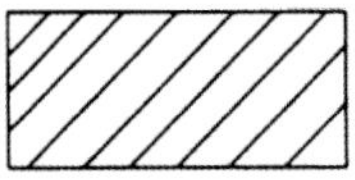	针叶林地	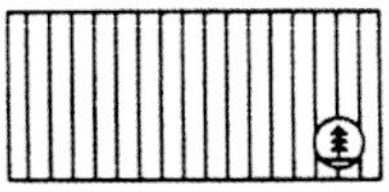
阔叶林地		针阔混交林地	
灌木林地	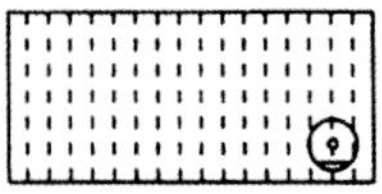	竹林地	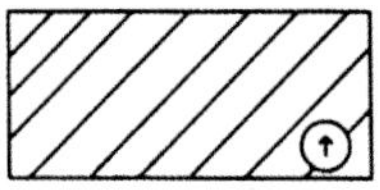
经济林地	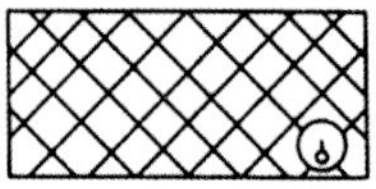	草原、草甸	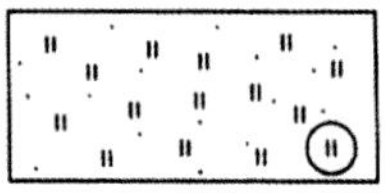

表 1-3　园林绿地规划建筑图例

名　称	图　例	名　称	图　例
规划的建筑物		原有的建筑物	
规划扩建的预留地或建筑物		拆除的建筑物	
地下建筑物		坡屋顶建筑	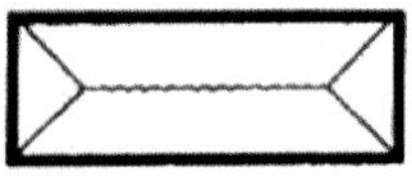
草顶建筑或简易建筑		温室建筑	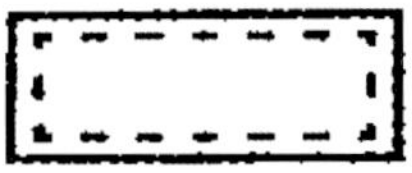

表 1-4　绿地规划山石图例

名　称	图　例	名　称	图　例
自然山石假山		人工塑石假山	
土石假山		独立景石	

表 1-5　园林绿地规划水体图例

名　　　称	图　例	名　　　称	图　例
自然形水体		规则形水体	
跌水、瀑布		旱涧	
溪涧			

表 1-6　园林绿地规划小品设施图例

名　　　称	图　例	名　　　称	图　例
喷泉		雕塑	
花台		座凳	
花架		围墙	
栏杆		园灯	
饮水台		指示牌	

表 1-7　园林绿地规划植物图例

名　　　称	图　例	名　　　称	图　例
落叶阔叶乔木		常绿阔叶乔木	
落叶针叶乔木		常绿针叶乔木	
落叶灌木		常绿灌木	
阔叶乔木疏林		针叶乔木疏林	

（续）

名　称	图　例	名　称	图　例
阔叶乔木密林		针叶乔木密林	
落叶灌木疏林		落叶花灌木疏林	
常绿灌木密林		常绿花灌木密林	
自然形绿篱		整形绿篱	
镶边植物		一、二年生草本花卉	
多年生及宿根草本花卉		一般草皮	
缀花草皮		整形树木	
竹丛		棕榈植物	
仙人掌植物		藤本植物	
水生植物			

　　在所有图例中，植物的图例使用频率最高。除表 1-7 所示的图例外，为便于表达设计，可以选择不同的图例表示不同的树种。设计中，树木图例多用白描的方法表示，应先以树干的位置为圆心，树冠的平均半径为半径做出圆，再加以表示。植物平面图例、如图 1-11 所示。植物立面图例如图 1-12 所示。

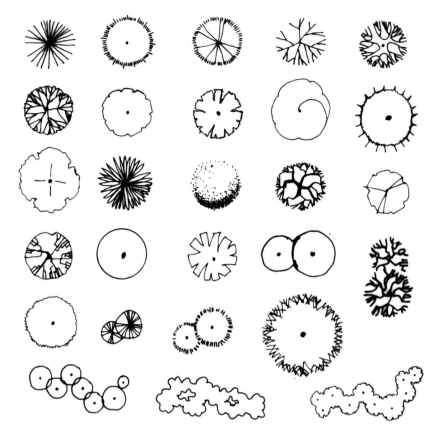

图 1-11　植物平面图例

图 1-12　植物立面图例

【学习评价】

植物平立面图例练习评价见表1-8。

表1-8 植物平立面图例练习评价表

序 号	考核项目	评 分 依 据	评 分 范 围	分 值
1	构图	图面和谐优美，构图严谨	不符合扣分	10
2	表达	表达正确、规范，符合制图要求	不正确扣分	10
3	线条	线条流畅、娴熟，有专业特点	不符合扣分	20
4	创造力	构图巧妙合理，具有创造性	不正确扣分	20
5	图面	图面整洁、精细，并完成全部任务	不符合扣分	10
6	工具使用	规范使用工具	实训中规范使用	10
7	功效	按计划按时完成任务	按时间完成任务	10
8	工作态度	积极主动	工作态度表现	10
			合计	100

项目二 色彩构成

项目引言

色彩构成是从人对色彩的知觉效应出发，运用科学严谨美与艺术形式美相结合的法则，充分发挥人的主观能动性并运用抽象思维，利用色彩在空间、量与质之间的可变换性，对色彩进行组合、搭配，创造出新颖及具有审美价值的理想设计色彩。色彩构成的内容主要包括色彩的基本属性、色彩的视知觉及色彩的心理、色彩的调和与对比。

学习目标

通过本项目的学习认识和熟悉色彩，提高对色彩的感悟能力，拓宽色彩的表达视域，了解色彩的视觉效应和心理感受，从而恰当地将色彩运用于设计中。

任务一 色彩的基本属性

【任务分析】

通过运用水彩表现色彩的色相、明度、纯度，从而掌握色彩的属性。

【任务目标】

掌握色彩的基本属性，并通过用水彩表达色相、明度、纯度，进而感知色彩的变化。

【任务描述】

色彩属性练习

1. 任务内容

（1）纯度对比。

（2）明度对比。

（3）色相环。

2. 任务标准

颜色选择合理，色彩对比明显，作业精致，图面整洁。

3. 图纸规格

A3 图纸（图幅 297mm×420mm）

【实例展示】

色彩构成如图 2-1 所示。

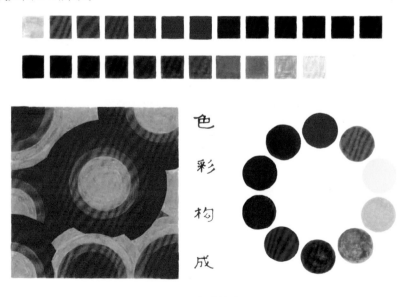

图 2-1 色彩构成

【知识链接】

1. 光与色

能唤起我们色感的关键在于光。光是产生色的原因，色是光被感知的结果。没有光便没有色彩感觉，人们凭借光才能看见物体的形状和色彩，从而获得对客观世界的认识，没有光线，就没有视觉活动，也就无所谓色彩。17 世纪后半期，著名的物理学家牛顿曾在暗室里引入阳光，使阳光透过三棱镜被分成各种色彩，形成"光谱"，光谱色以红、橙、黄、绿、青、蓝、紫的顺序排列着，如图 2-2 所示。如果在该三棱镜后加一凸透镜，使分散的光线在凸透镜与映幕之间的某一点集中，则集中的一点又成为白色光。因此，我们称白光为复色光。红、橙、黄、绿、青、蓝、紫中任意一个色光，经三棱镜都不能再进行分解，这种不能再分解的光称为单色光。

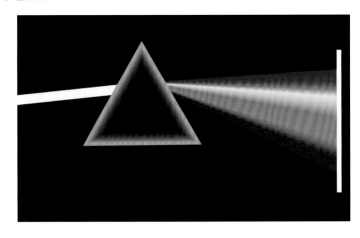

图 2-2　三棱镜折射光谱

2. 物体色、环境色、光源色与固有色

当白光照射到物体上时，它的一部分被物体表面反射，另一部分被物体吸收，剩下的透过物体穿过来。对于不透明物体，即不透光的物体，它们的颜色取决于不同波长色光的反射和吸收情况。

（1）物体色。物体表面所反射的光线映入眼睛所感觉到的色彩，被称作物体色。

（2）环境色。环境色又称条件色，是指由环境色彩所引起的物体固有色的变化。

（3）光源色。光源色是指光源本身的颜色，是构成物体基本色彩的决定性的因素。没有光源，也就没有物体色。

（4）固有色。固有色是指物体在柔和光线下所呈现的色彩。任何物体的固有色都不是永恒不变的。某一物体的各个部分，固有色也不完全相同。

3. 色彩的属性

色彩大致可以划分为无彩色和有彩色两大类。黑、白、灰属于无彩色，无彩色系没有色相和纯度，只有明度变化。有彩色包括红、橙、黄、绿、青、蓝、紫再加上它们之间若干调和出来的色彩。有彩色具备色彩的色相、明度和纯度。而有彩色系的颜色具有的这三个基本特征——色相、纯度和明度，在色彩学上也称为色彩的三大要素或色彩的三属性。

（1）色相。色相是指色彩的面貌，是区别各类色彩的最准确标准。具体是指不同波长的光给人的不同色彩感受。红、橙、黄、绿、蓝、紫等代表具体的色相，色相是有彩色的最大的特征。三原色如图2-3所示，色相环如图2-4所示。

图2-3　三原色

图2-4　色相环

（2）纯度（彩度、饱和度）。色彩的纯度是指色彩的纯净程度，它表示颜色中所含有色成分的比例。含有色成分的比例越高，则色彩的纯度越高；含有色成分的比例越小，纯度越低。所以单色光是最纯的颜色。纯度推移如图2-5所示。

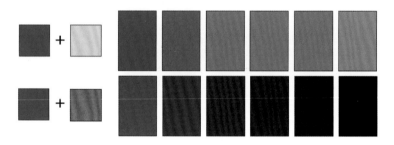

图2-5　纯度推移

（3）明度。明度是指色彩的明亮程度。各种有色物体由于其反射光量的区别而产生颜色的明暗强弱。无彩色中，最高明度为白色，最低明度为黑色，灰色居中。色彩的明度变化往往会影响到纯度的改变。有彩色的明度是根据无彩色黑、白、灰的明度等级标准而定的。明度推移如图2-6所示。

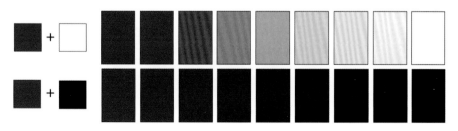

图2-6　明度推移

【学习评价】

色彩属性练习评价见表 2-1。

表 2-1　色彩属性练习评价表

序　号	考核项目	评分依据	评分范围	分　值
1	构图	构图严谨合理，图面和谐	不符合扣分	10
2	颜色	颜色运用合理，颜色递进关系清楚	不符合扣分	30
3	图面	图面整洁、精细，并完成全部任务	不正确扣分	20
4	运笔	运笔均匀，收笔利落，无出格现象	不符合扣分	20
5	工具使用	规范使用工具	实训中规范使用	10
6	工作态度	积极主动	工作态度表现	10
			合计	100

任务二　色彩的心理

【任务分析】

通过水彩表现春、夏、秋、冬四季更迭；表现快乐、悲伤、不安、宁静或者喜、怒、哀、乐等情绪变化，让学生更加直观地了解色彩能表达出什么。

【任务目标】

通过实践本次任务，使学生学习在做设计时通过色彩、色调来表达心理及环境氛围。

【任务描述】

色彩的心理练习

1. 任务内容

四幅图案表达不同的色彩内容和色彩情感。

2. 任务标准

颜色选择合理，调色准确，情感表达合理，作业精致，图面整洁。

3. 图纸规格

A3 图纸（图幅 297mm×420mm）

【实例展示】

色彩的四季如图 2-7 所示，色彩的心理如图 2-8 所示。

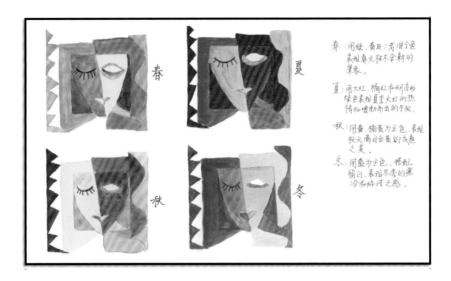

图 2-7　色彩的四季

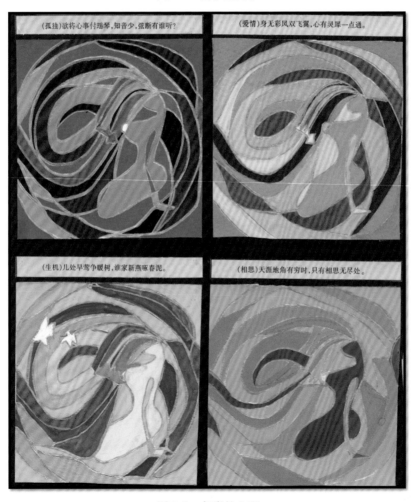

图 2-8　色彩的心理

【知识链接】

色彩来源于我们的视觉，而长期的生活经验会使我们对不同的颜色产生不同的感觉及心理变化，所以我们应该掌握颜色对人心理引起变化的这个规律。

当人们看到某一种颜色时，立刻就会联想到与颜色相关的事物，这就是色彩的联想。每一种色彩都会带给我们丰富的色彩联想，了解色彩的这种联想规律会有助于我们在设计中对色彩的运用。

1. 红色

红色是最有感染力和视觉冲击力的颜色，它同时也是最引人注目的颜色。红色会使人联想到喜庆、热情、吉祥，也会使人联想到危险、恐惧等。我们在园林设计中常用红色的景物来形成视觉焦点（图2-9），或与植物形成对比色。但由于红色易造成视觉疲劳，所以在园林设计中很少大面积使用。

2. 黄色

黄色是有色颜色中明度最高的颜色，因而会给人明快、温暖的感觉。黄色会使人联想到财富、光明、高贵等。黄色在古代是皇帝的象征，所以黄色的琉璃瓦屋顶在园林中最常见；其次就是寺庙的高墙多以黄色为主。各种开黄色花的花灌木也是园林中常见的色彩。例如小布达拉宫的金顶，如图2-10所示。

图2-9　中国风小品　　　　　　　　　　　　　　　　图2-10　小布达拉宫的金顶

3. 蓝色

蓝色是一种让人感觉清洁与安全的颜色，它具有收缩感和冷静的特质。蓝色常常让人联想到深远、和平、宽广、冷淡、平静等。在园林设计中，蓝色的运用较多，如水景的营造、铺装材料的选择以及各种小品设施都会通过蓝色来传达设计的主题与构思。例如香港迪士尼夜景，如图2-11所示。

4. 白色

白色是朴实、纯洁、充满光与希望的颜色。白色会使人联想到轻盈、纯洁、高雅、悲哀等。在设计中，常用白色的墙衬托前面的景观，或点缀白色的花及小品来表达特定的主题与氛围。例如苏州狮子林中以白墙衬托置石小景，如图2-12所示。

图 2-11　香港迪士尼夜景

图 2-12　苏州狮子林

5. 黑色

黑色不反射任何光，因而就会给人一种冰冷、坚固的感觉。它会使人联想到邪恶、绝望、死亡、力量、恐怖等。园林设计中黑色多数会用来做硬质铺装或小品。

6. 绿色

绿色是植物的颜色，它能够缓解人的负面情绪。绿色暗示着成长和生命力，它会让人联想到清新、健康、生命、活力等。在园林设计中生命力与活力都来自于鲜活的植物，所以绿色永远是园林的主色调。例如，扬州瘦西湖的植物配置，如图 2-13 所示。

7. 橙色

橙色是十分活泼的颜色，它会使人联想到兴奋、快乐、活力、香甜等。在园林设计中，儿童活动区多选用橙色，如图 2-14 所示的上海香溢花城。

图 2-13　扬州瘦西湖

图 2-14　上海香溢花城

【学习评价】

色彩的心理练习评价见表 2-2。

表 2-2　色彩的心理练习评价表

序　号	考核项目	评分依据	评分范围	分　值
1	构图	构图严谨合理，图面和谐	不符合扣分	10
2	表达	表达正确、规范	不正确扣分	20

（续）

序　号	考核项目	评分依据	评分范围	分　值
3	效果	调色准确，情感表达合理	不符合扣分	20
4	图面	图面整洁、精细，并完成全部任务	不正确扣分	10
5	运笔	运笔均匀，收笔利落，无出格现象	不符合扣分	10
6	工具使用	规范使用工具	实训中规范使用	10
7	功效	按计划按时完成任务	按时间完成任务	10
8	工作态度	积极主动	工作态度表现	10
			合计	100

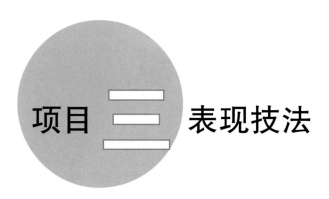

项目 三 表现技法

　　随着科学技术的发展，计算机延伸了人的手和脑的功能，计算机辅助设计已经成为当代设计师必修的专业课。在过去一段时间里，很多人都有过计算机将完全取代手绘设计工作的担心，但经过时间的考证，计算机辅助绘图设计与手绘设计都有了各自的发展空间。相信在今后的发展过程中，计算机绘图不能完全取代徒手绘图工作，尤其不能代替设计过程中的构思和草图表现，所以手绘表现图依然是我们学习过程中不可或缺的重要部分。

学习目标

　　掌握钢笔画表现、彩铅表现和马克笔表现三大绘画技法，为做设计方案奠定基础。

任务一　基础线条练习

【任务分析】

线条是设计表达的词语及媒介，通过运用二维的线条可以表达出不同的三维空间、光影和肌理等。

【任务目标】

准确熟练地掌握横线、竖线、斜线、曲线等基本线条的画法。

【任务描述】

徒手绘线条练习

1. 任务内容

将粗、中粗、细等各种线型的直线、斜线、曲线经过组合构成肌理表达在图面上，并根据内容进行版面设计。

2. 任务标准

整体图面构图合理，内容全面、多样，图面和谐、均衡、精美，线条流畅、娴熟。

3. 图纸规格

A3 图纸（图幅 297mm×420mm）

【实例展示】

徒手绘线条练习如图 3-1、图 3-2 所示。

【知识链接】

1. 运笔

在线条的练习过程中，首先应注意自己的情绪和状态，不要过于紧张；其次要得心应手地勾画每一根线条，下笔肯定，运笔流畅。

握笔时，应尽量握在笔的中间位置，笔和纸面呈斜角，不能垂直，这样会便于灵活画线，同时也不遮挡视线。

在运笔过程中，出线要肯定，手和小臂放松，心态平稳，手笔同步。图 3-3 所示为运笔要领。

运笔要领如下：

（1）运笔要放松，不要反复描摹线条，下笔应有起有落。

（2）长线断开画，注意停顿处留有间隙，不要出现连接点。

（3）宁可局部小弯，但求大直。

（4）铅垂线与水平线搭接时，应稍微出头，不要搭接不上，出头比交接更有设计感。

图3-1 徒手绘线条练习（一）

图3-2　徒手绘线条练习（二）

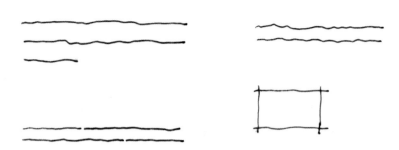

图 3-3　运笔要领

2. 线条的组合

线条的组合包括长短、曲直、运笔方向等。不同的线条组合、排列具有很强的艺术表现力。由于线条的方向感和线条间的留白会给人丰富的视觉印象，所以在园林的钢笔画中，会选择它们表现物体的肌理、明暗关系及空间关系等，如图 3-4 所示。

图 3-4　线条的组合

3. 线条绘制时易出现的问题

线条绘制不熟练阶段会出现很多问题，而这些问题会直接影响到画图的效果，会使画面粗糙、散乱，如图 3-5 所示。

图 3-5 线条绘制不熟练造成画面粗糙、散乱

【学习评价】

徒手绘线条练习评价见表 3-1。

表 3-1 徒手绘线条练习评价表

序 号	考核项目	评 分 依 据	评 分 范 围	分 值
1	构图	图面和谐优美, 构图严谨	不符合扣分	10
2	表达	表达正确、规范, 符合制图要求	不正确扣分	10
3	线条	线条流畅、娴熟, 有专业特点	不符合扣分	20
4	创造力	构图巧妙合理, 具有创造性	不正确扣分	20
5	图面	图面整洁、精细, 并完成全部任务	不符合扣分	10
6	工具使用	规范使用工具	实训中规范使用	10
7	功效	按计划按时完成任务	按时间完成任务	10
8	工作态度	积极主动	工作态度表现	10
			合计	100

任务二　园林钢笔画表现

【任务分析】

钢笔画是设计师在设计构思过程中最常用的表达方式, 它能形象地表现设计思维, 是设计师创作的支点。

【任务目标】

通过学习园林钢笔画这个任务, 掌握构图原理、快速透视方法以及园林钢笔画的表现方法。

【任务描述】

园林钢笔画表现

1. 任务内容

临摹范本, 掌握基本要领, 用钢笔或针管笔综合表现建筑物及其建筑环境内容如植物、山石、水体、小品及人物等。

2. 任务标准

线条粗细绘制得当，图面优美精细、和谐、精美，有均衡感，图面层次分明，建筑表达充分、和谐。

3. 图纸规格

A3 图纸（图幅 297mm×420mm）

【实例展示】

建筑钢笔画表现如图 3-6 所示、景观钢笔画表现如图 3-7 所示。

图 3-6　建筑钢笔画表现

图 3-7　景观钢笔画表现

【知识链接】

钢笔画是设计表现的基础，也是徒手表现的基本功，它区别于绘画艺术中的速写在于要求所绘画的对象比例准确，透视关系严谨，表现对象的组织结构表达清晰，并能反映设计概念。

1. 构图

所谓的构图就是对整幅图的组织与安排。在画图时，要观察作图对象，根据其所要表达的意图，将景物在图面中的位置进行布置与安排。

图面的构图还应包括所画的景物在图中所占的位置及体量，体量过大或过小、位置的偏移等，都会使构图有瑕疵。

2. 快速透视

快速透视有两个重要法则：①地平线与视平线重合；②把灭点扩大为一个范围。

人的身高与景物高度相差悬殊，景物与地面相交处透视变形可以忽略，视平线及灭点向下平移，与地平线重合，如图 3-8 所示。

把灭点放大为一个灭点范围，把平行线引向灭点周围即可，如图 3-9 所示。

图 3-8　地平线与视平线重合

图 3-9　灭点扩大为一个范围

3. 园林钢笔画中各个要素表现

（1）山石表现（图 3-10）。置石、假山一般只用线条勾勒轮廓，很少采用质感、光线的表现方法，以免显得繁乱。不同的石材，其纹理不同，有的棱角分明，有的浑圆，因而在表现中注意用不同的方式表现不同石材的不同形态特征。

图 3-10　山石表现

（2）水体表现（图3-11）。水是一个活体，形态多样，或微波荡漾，或奔腾急流，或磅礴劲射。因此在画水时，要注意表现水的自然形态特征。

图3-11　水体表现

（3）建筑表现（图3-12）。在园林设计中，建筑是必不可缺的要素。在平面图中，建筑一般采用几何平面图的画法表现；在立面图中，建筑一般采用正视图的画法表现；在透视图中，建筑一般采用两点透视的方法表现。

图3-12　建筑表现

（4）植物表现（图3-13、图3-14）。以植物为设计素材是园林设计所独有的，植物的表现是园林钢笔画中不可缺少的一部分。植物一般分为乔木、灌木及地被三大种类，每一个植物都有各自的形态特点，植物表现的好坏直接会影响到整个图面的表达。

4. 综合表现

（1）园林钢笔画的特点。园林钢笔画的特点是便捷迅速，随时可以把想要记录的对象迅速地记录表现下来。而钢笔速写相对于钢笔画要深一些，作画时间相对较长，以黑白灰三

图 3-13 植物表现（一）

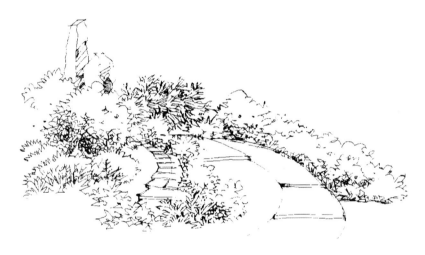

图 3-14 植物表现（二）

个层次表现景物，画面朴实简洁，具有独特的艺术魅力。

（2）园林钢笔画的表现步骤。

1）构图布局。用铅笔线条将主景轮廓定下来，并将配景定下位置，配景应服务于主景，尤其注意两者的体量和位置关系。起稿线条应较轻，不用过于细致，以全局为主。

2）上墨线。用墨线笔将主景的主体结构绘制出来，结构要清晰，尤其是结构的转折要表现得清楚明了，为下一步上明暗调子及材质表现打好基础。

3）局部刻画。将明暗调子填充完整，尽量展现物体的本来材质，这样可以令图面更加丰富。注意应适当加入配景，但配景不应表现得太过细致，以免主次不分，使主景表现不明显。

4）调整画面，完成图稿。

【学习评价】

园林钢笔画表现评价见表 3-2。

表 3-2　园林钢笔画表现评价表

序　号	考核项目	评 分 依 据	评 分 范 围	分　值
1	构图	图面和谐优美，构图严谨	不符合扣分	10
2	表达	表达正确、规范，符合制图要求	不正确扣分	10
3	线条	线条流畅、娴熟，有专业特点	不符合扣分	20
4	创造力	构图巧妙合理，具有创造性	不正确扣分	20
5	图面	图面整洁、精细，并完成全部任务	不符合扣分	10
6	工具使用	规范使用工具	实训中规范使用	10
7	功效	按计划按时完成任务	按时间完成任务	10
8	工作态度	积极主动	工作态度表现	10
			合计	100

任务三　彩铅表现

【任务分析】

对于一幅完整的手绘作品来说，上色是对作品的色彩描述。在此阶段常用的上色工具为马克笔和彩铅，因此彩铅对于手绘是不可或缺的一部分。

【任务目标】

掌握彩铅的着色技巧，并能运用彩铅表现完整的手绘作品。

【任务描述】

彩铅表现

1. 任务内容

用彩铅绘制景观效果图一幅，掌握运用彩铅快速表达设计意图的技巧，表达要重点突出、颜色丰富。

2. 任务标准

颜色搭配合理，图面层次分明、和谐精美，具有均衡感。

3. 图纸规格

A3 图纸（图幅 297mm×420mm）

【实例展示】

彩铅效果图练习如图 3-15、图 3-16 所示。

图 3-15 彩铅效果图练习（一）

图 3-16 彩铅效果图练习（二）

【知识链接】

彩铅在一般人的心目中只是儿童的绘画工具而已，并没有什么表现技法。这是对彩铅表现的一种偏见，其实彩铅在设计界作为着色工具是非常重要的。

一、彩铅表现的材料与工具

1. 笔

彩铅从性质上分为水溶性和油性两大类。水溶性彩铅可以用水混色，油性彩铅近似蜡笔，可以用溶剂混色。一般在快速表现中，较多地采用水溶性彩铅。其特点是操作方便，易修改和笔触表现明显。常用的有 12 色、24 色等组合，如图 3-17 所示。彩铅由于笔触较小，所以在大面积表现时，考虑到时间问题，彩铅经常会和马克笔或水彩混合使用。

市面上出售的彩铅品牌很多，主要有马可、中华以及德国的辉柏嘉和施德楼。在选择彩铅时，应注意，质量较好的彩铅一般容易着色，笔芯较软，用起来手感很好。另外，在选择时要注意彩铅的色彩是否纯正，质量差的彩铅在使用时反复覆盖会出现纸面光亮的现象，并且色彩鲜艳程度也不够。

图 3-17　彩铅

2. 纸

彩铅表现用纸的选择很多。一般来说，彩铅适合表面粗糙的纸张，因为表面粗糙的纸容易挂色，比如素描纸、速写纸、水彩纸、制图纸、打印纸等。其中制图纸和打印纸是较为光滑的纸，一般作为练习用纸。

需要注意的是，纸张的选择也会影响画面的风格，在细滑的纸上表现会产生一种细腻柔和之美，在粗糙的纸上表现会有一种粗狂豪爽之美。

二、彩铅表现的运笔方法

彩铅与普通铅笔的运笔方法是一样的。彩铅有很强的表现力，其关键是如何运用正确的运笔和表现方法。

1. 运笔方法

用彩铅表现时，主要有两种运笔方法，一种是以面为主，不突出笔触，即使表现出了笔触，也要用揉色的方法将笔触化开；另一种方法就是突出笔触的方法。彩铅笔触虽然不大，但它具有极强的表现力，在作画时，一定要控制好笔触，使线条排列方式统一，比如都是直线、斜线、交叉线或者是按照某个方向变化地排列。这样图面统一，效果突出，如图 3-18

所示。当然，不是所有的表现图都必须用统一排列笔触的线条，在处理不同画面时，也可根据物体不同的材质和质感，而选择不同的笔触。但是切记，初学者不要在同一张画上使用太多不同的笔触，否则控制不好画面的整体效果，如图 3-19 所示。

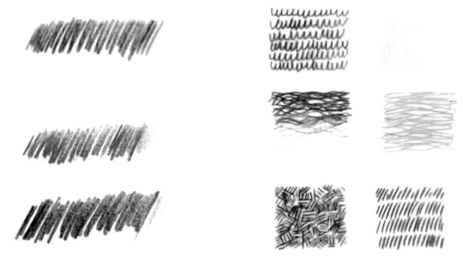

图 3-18　彩铅笔触　　　　　　　　　　图 3-19　彩铅表现肌理

2. 着色与混色

彩铅的颜色都是固定的，并不像水彩那样，能随心所欲地调出自己想要的颜色。但为保证每一张表现图都色彩丰富、饱满，不是单一的纯色，就需要设计师根据实际情况，在画面中的不同位置或不同物体上使用不同颜色的彩铅，并通过不同颜色的穿插，在视觉上产生混色的效果。但要注意色彩的过渡要自然、协调。

另外也可以通过运笔的轻重来控制颜色的变化，在光面画得轻一些，暗面画得重一些，如图 3-20 所示。这样画面就可以得到立体感强、色彩丰富的效果。同时上色时也应注意以下问题：

（1）线条要随形体的结构去勾勒以体现出形体感。

（2）不要把物体颜色画得太满，尤其是物体之间的用色，应分清主次，注意留白。

（3）用色不应杂乱，要温和，注意整体的色调。

（4）画面不能太灰，要有虚实、明暗变化。

图 3-20　彩铅的明暗表现

三、彩铅表现的步骤

根据画面的表达内容，彩铅表现大致可分为两种：一是表达概念的设计草图，二是表达设计效果的设计表现图。这里以一般的彩铅设计表现图的绘制过程为例进行分析。

1. 钢笔底稿

钢笔绘制出设计图底稿，在绘制底稿过程中首先应注意透视关系；其次，要注意物体的形体绘制要准确；第三，由于彩铅暗部表达的深度不够，可有选择地将暗部和阴影用钢笔线条画出。

2. 整体着色

彩铅主要将物体的固有色、亮部、暗部及冷暖分开。尤其要注意上色不要太平均，块面的边缘颜色应饱满，而中间部分颜色弱。

3. 处理明暗关系，调整画面

突出重点画面的细部，注意色调的统一。根据需要，可以用马克笔、水彩等其他工具，将暗部和阴影处加深，提高对比度，加深画面的层次感。

【学习评价】

彩铅表现评价见表3-3。

表3-3　彩铅表现评价表

序　号	考核项目	评 分 依 据	评 分 范 围	分　值
1	构图	图面和谐优美，构图严谨	不符合扣分	10
2	表达	表达正确、规范，符合制图要求	不正确扣分	10
3	线条	线条流畅、娴熟，有专业特点	不符合扣分	10
4	笔触	笔触是否统一，表达准确	不正确扣分	20
5	配景	表现力强，与主景取得和谐的效果	不符合扣分	10
6	图面	图面整洁、精细，并完成全部任务	不符合扣分	10
7	工具使用	规范使用工具	实训中规范使用	10
8	功效	按计划按时完成任务	按时间完成任务	10
9	工作态度	积极主动	工作态度表现	10
			合计	100

任务四　马克笔表现

【任务分析】

通过对马克笔技法的训练，掌握马克笔的表现手法，为以后做方案草图打下坚实的基础。

【任务目标】

熟悉马克笔的特性，掌握马克笔的运笔方法，并且能独立完成马克笔表现作品。

【任务描述】

马克笔表现

1. 任务内容

用马克笔绘制平面图、立面图、剖面图及透视图，共三组。其中两组抄绘，一组照片临绘。

2. 任务标准

颜色搭配合理，并且和彩铅可以很好地结合应用，图面层次分明、和谐、均衡、精美。

3. 图纸规格

A3 图纸（图幅 297mm × 420mm）

【实例展示】

马克笔表现平面图如图 3-21 所示，马克笔表现立面图如图 3-22 所示，马克笔表现效果图如图 3-23 所示。

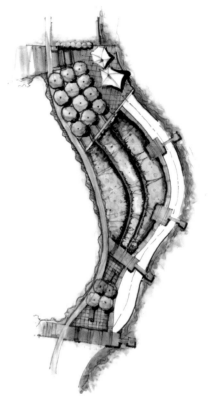

图 3-21　马克笔表现平面图

图 3-22　马克笔表现立面图

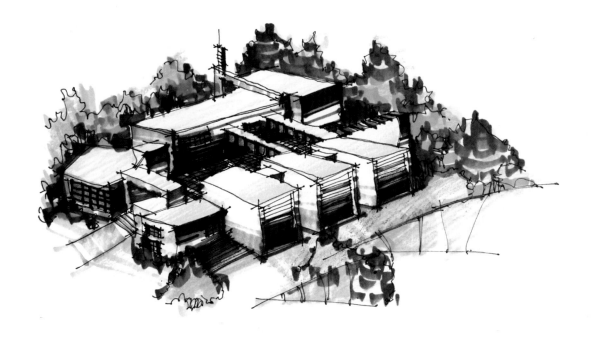

图 3-23　马克笔表现效果图

【知识链接】

随着科技与时代向前发展，设计不断地创造着人类的新生活，赋予生活新的含义。美好的设计需要出色的表达，要快速、清晰地表达自己的设计构思，设计师必须掌握相应的手绘技法，而马克笔因为其自身的特性也越来越被各行业的设计师所认可。

1. 马克笔的特点

马克笔又称麦克笔，是英文"MARKER"的译音，意为记号笔，起初主要是包装工和伐木工使用，其笔迹宽大、醒目，后来被画家和设计师所重视、采用，从原来简单的原色发展到现在从浅到深，从灰到纯的上百种的色彩。马克笔具有成图迅速、着色简便、色泽艳丽、笔触清晰、携带方便以及表现力强的特点，极大地方便了设计师。

马克笔一般分为两大类：一种是水性的，另一种是油性的。水性马克笔以单尖为主，笔尖较窄，使用时容易划纸，所以应配合厚些的纸使用。水性马克笔颜色没有油性马克笔艳丽，在反复叠加时会使画面显得脏乱，所以建议使用油性马克笔。油性马克笔快干、耐水、色彩鲜艳，而且耐光性好。一般市场的油性马克笔品牌有：日本的美辉，美国的 AD、三福，韩国的 Touch 以及我国的晨光赛美。这里为初学者提供韩国 Touch 牌选购时可参考的色号，如图 3-24 所示。

油性马克笔挥发很快，所以用完之后一定要将笔帽盖紧，以延长使用寿命。由于马克笔成本昂贵，用完的笔丢弃可惜，可以注入酒精，来延长使用寿命，注入酒精的笔颜色会较之前颜色变浅，可作退晕的处理工具。

2. 表现技巧

（1）笔触。控制马克笔的方法和之前练线条是相似的，一样要注意果断快速，线条要

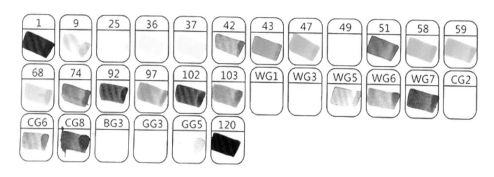

图 3-24　Touch 牌马克笔色号

有张力。根据马克笔笔头的特点，可以画出不同的线条，同时根据画面的需要，应选择画出不同的笔触，如图 3-25 所示。在使用马克笔时，错误的笔法包括不果断、运笔抖动、起笔收笔不畅等，如图 3-26 所示。

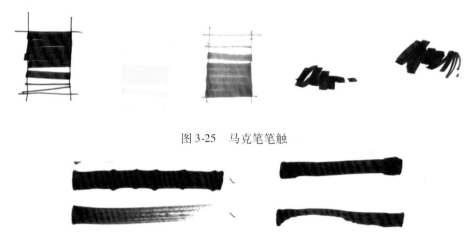

图 3-25　马克笔笔触

图 3-26　马克笔错误笔触

（2）渐变与叠加。物体受光时，光影通常是逐渐变化的，马克笔是通过线条的变化和颜色的叠加来表现物体的受光变化，这样会使画面表现更加清楚、逼真，如图 3-27 所示。

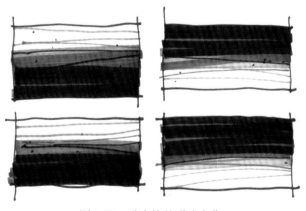

图 3-27　马克笔的明暗变化

（3）体块与光影。通过形体的光影训练，掌握马克笔颜色渐变的关系及过程，有利于空间及形体的表现，如图 3-28 所示。

图 3-28　马克笔空间表现

3. 景观元素的表现

（1）石材。在大自然中，石材是没有完全一样的，尽管石材种类很多，但它也有其自身的特征。同种石材线条造型应是一致的。在上色时，应注意表现石材的体量和造型，并通过光感达到表现石材的目的，如图 3-29 所示。

图 3-29　石材的表现

（2）水体。水本身是无色透明的，但在一般情况下，人通常认为水是蓝色的。因为水的上方是蓝色的天空，天空倒映在水中，所以在绘制水体时多数会选择蓝色，但为搭配整幅图的色调有时也用紫色。轻柔的水，笔触应当柔和；刚劲的水，笔触应该快直。水的笔触应和谐统一，切忌勿一会儿横、一会儿竖，使画面杂乱，如图 3-30 所示。

图 3-30　水体的表现

（3）建筑。给不同建筑上色，应注意是什么材质就选定什么颜色，并通过质感来塑造形象。上色过程中勿大面积单一色彩平涂，注意黑、白、灰关系的协调，并适当留白，如图 3-31 所示。

图 3-31　建筑的表现

（4）植物。植物的表现有写实类、抽象类和图案类三种。在上色时应该注意表现植物的特征，由浅及深做退晕变化。植物多数在表现图中起烘托气氛、丰富构图的作用。当植物作前景或背景时，上色应简单，否则会主次不分，如图 3-32 所示。

图 3-32　植物的表现

（5）小品。小品绘制的重点在于大体的形体结构与比例协调，并以概括的线条描绘完整的小品形态，如图 3-33 所示。

图 3-33　园林小品表现

（6）铺装。在铺装的表现中，应注意透视的变化，主要是把握不同材质的特征，并通过虚实变化来体现空间感，如图 3-34 所示。

图 3-34　铺装表现

4. 表现步骤

（1）起稿。用墨线笔打底稿，线条画到结构线即可，不用表现出阴影和暗部的线条，如图 3-35 所示。

图 3-35　钢笔线稿

（2）打底色。打底色的顺序应由浅入深、由上及下，如图 3-36 所示。

图 3-36　打底色

（3）明暗关系。在各个界面的底色基础上做出明暗关系。这步是用明度更大的色彩加强界面立体感的过程，如图 3-37 所示。

图 3-37　明暗关系

（4）细部刻画。强调主景，调整画面，如图 3-38 所示。

图 3-38　细部刻画

【学习评价】

马克笔表现评价见表 3-4。

表 3-4　马克笔表现评价表

序　号	考核项目	评分依据	评分范围	分　值
1	构图	图面和谐优美，构图严谨	不符合扣分	10
2	表达	表达正确、规范，符合制图要求	不正确扣分	10
3	线条	线条流畅、娴熟，有专业特点	不符合扣分	10
4	笔触	笔触是否统一，表达准确	不正确扣分	20
5	配景	表现力强，与主景取得和谐的效果	不符合扣分	10
6	图面	图面整洁、精细，并完成全部任务	不符合扣分	10
7	工具使用	规范使用工具	实训中规范使用	10
8	功效	按计划按时完成任务	按时间完成任务	10
9	工作态度	积极主动	工作态度表现	10
			合计	100

项目 四 平面构成

平面构成具有共性的设计语言，是对设计理论的表现。本项目主要介绍平面构成的概念及要素、平面构成的基本形与骨骼、平面构成的基本规律。

通过本项目的学习，掌握平面构成的基本理论，灵活运用平面构成的基本规律完成设计实践。

任务一　平面构成的要素及骨骼概念

【任务分析】

掌握平面构成的概念是学习和了解平面构成的基础，同时平面构成的要素又是平面构成的基本组成部分，因此学习平面构成的概念及其要素对于更好地理解平面构成的内容具有重要意义。此外，基本形和骨骼是平面设计的基本单元，掌握基本形和骨骼的关系可以为学习平面构成打下坚实的基础。

【任务目标】

了解平面构成的概念，掌握平面构成的各要素及其特点以及基本形和骨骼的关系。

【任务描述】

基本形及骨骼构成练习

1. 任务内容

设计一个基本形，将同一基本形置于不同的骨骼线中，通过不同的骨骼线表现出不同的设计效果。

2. 任务标准

基本形创意奇特，图面和谐优美，作业精致，图面整洁。

3. 图纸规格

300mm × 300mm 的白色硬卡纸 2 张。

【实例展示】

基本形及骨骼构成如图 4-1 所示。

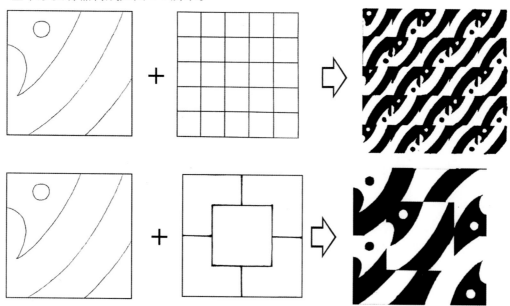

图 4-1　基本形及骨骼构成

【知识链接】

平面构成是视觉元素在二次元的平面上，按照美的视觉效果、力学的原理，进行编排和组合，它是以理性和逻辑推理来创造形象、研究形象与形象之间排列的方法，是理性与感性相结合的产物。平面构成研究的是如何创造形象，怎样处理形象之间的关系；如何掌握美的形式规律，并按照美的形式法则，创造设计所需要的图形。平面构成的基本要素为点、线、面，任何平面构成设计都是以此三个要素为基础的。

在一定情况下，平面构成的三要素点、线、面之间是可以相互转化的，三个要素的形式决定于其所处的相对环境。在一定环境中，点的面积越小则点的性质越强烈，如果点的面积增大则逐渐趋向于面；同样当线越短越趋向于点，线越宽则越趋向于面；而面的面积越小越趋向于点，面的长宽比例越大则越趋向于线。在平面构成作品中，将点排列组成了线，再将线排列组成了面，使作品效果生动灵活。因此，要充分利用三要素之间的相互关系，合理布局空间环境，达到创作的目的。

一、平面构成的基本要素

1. 点

在几何学定义里，点只能提示形象存在的具体位置，不具有大小，既无长度也无宽度，它只是一条线的开始或终结，或存在于两条线的交叉处。而在平面构成中，通常画面中细小的形象都称之为点。在相同的视觉环境下，相对面积越小，点的感觉就会越强；相反，会失去点的性质，如图 4-2 所示。点给人以提示的作用，因此当点处于不同的环境、不同的状态时会产生不同的视觉效果，这些不同的视觉效果对于人们的心理具有一定的暗示作用。我们可以利用点的这一特点结合园林规划设计实际加以应用，快速将设计的景观融情于景，达到情景合一的效果。

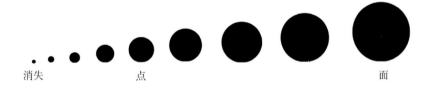

消失　　　　　　　　点　　　　　　　　面

图 4-2　点的变化

2. 线

点按轨迹移动形成了线，如图 4-3 所示。线在空间里是具有长度和位置的细长物体。从数学角度来说，线不具有面积只具有形态和位置；而在构成中，线是有长短、宽度和面积的，当长度和宽度比例到了极限程度的时候就形成了线。线是最富有表现力的视觉形态，线的视觉传达功能非常明确，力量和感情的变化都可以通过线表达出来。线与点一样具备自己的特性。线的功能主要来源于其自身丰富的形态变化，如线用于分隔空间和区域，给物体以明确的边界，而线的同方向排列使线的方向感和运动感得到加强。在设计中利用线的不同形态特性表现景观，可以更加快速直观地表达出预期的设计效果。

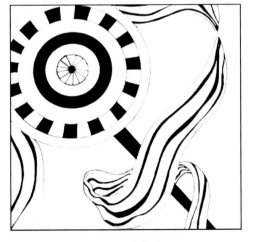

图 4-3　曲线构成

3. 面

依照几何学的定义，面是线移动的轨迹，如

图4-4所示。点和线的密集可形成虚面，点和线的扩展可以形成面，面的分割、面与面的合成、反转也可以形成新的面。面的种类有几何形、有机形、偶然形和不规则形。几何形是用数学方法完成的最规范的形，具有明快、理性和秩序美的特点，但如果在同一构成设计中用得过多，也可能失去其特点。有机形是不能用数学方法求得，而是靠自然的外力而形成的自然形，具有自然、流畅、淳朴及柔和的特点。偶然形是偶然形成的形，为创造富有个性、新颖或怪异的艺术造型，提供大量的可能性。不规则形是不受任何限制、不具任何规律性的形，与几何形的特点完全相反，不具备秩序美和机械的冷漠感，而是最具人情味的形。

图4-4　线运动成面

二、基本形及骨骼

1. 基本形

基本形就是用点、线、面三个基本元素构成的设计形态的基本单位。基本形有形状、大小、方向、色彩、肌理等要素，这些要素的变化使基本形呈现不同的发展趋势，从而获得新的形态特征。基本形大致可以分为次基本形、基本形和超基本形三种形式。

基本形指的是任何一个相对单纯的形象都能作为一个基本形而存在；而次基本形指的是一个基本形由几个更小的基本形态组成，这些更小的基本形称为次基本形，如圆、方、角、点、线、面等；超基本形指的是一个单位基本形由多个基本形组成，这种大的基本形称之为超基本形。

2. 骨骼

骨骼是图形构成的骨架与格式，是基本形创造、构成、编排的管束形式，如图4-5所示。不同的分类方法下，骨骼的分类亦不相同。

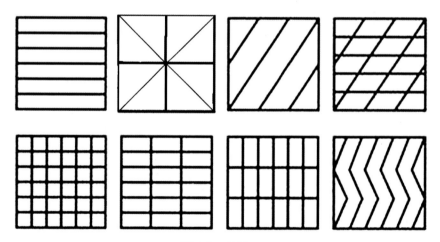

图4-5　骨骼

依据对其形的位置秩序性的体现，大致可以把骨骼分为规律性骨骼和非规律性骨骼。规律性骨骼是指平面构成中含有严谨的、以数学逻辑为基础的骨骼线的骨骼构成形式。规律性骨骼往往具有分割明确和理性的逻辑美。规律性骨骼可分为重复、渐变和发射三种。非规律性骨骼是指在平面构成中规律性不强或无规律可循的骨骼构成形式。非规律性骨骼一般可分为半规律性骨骼、近似骨骼、对比骨骼、密集骨骼和自由性骨骼。

依据骨骼对形体的作用又可分为有作用性骨骼和无作用性骨骼。有作用性骨骼是指那些给予形体以准确的空间，并且能够使形体的出现完全受其骨骼线控制的骨骼构成形式。无作用性骨骼是指那些给予形体以准确的位置，使形体的编排仅局限在骨骼线的交叉点上，并不严格决定形体的大小、占有空间，也不决定形体的方向，对形象或背景也不产生什么制约性影响的骨骼构成形式，如图4-6所示。

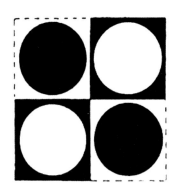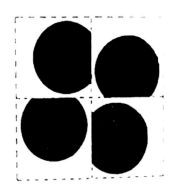

图4-6 有作用性骨骼和无作用性骨骼

【学习评价】

基本形及骨骼构成练习评价见表4-1。

表4-1 基本形及骨骼构成练习评价表

序　号	考核项目	评分依据	评分范围	分　值
1	创造力	基本形及骨骼设计巧妙合理，具有创造性	不正确扣分	40
2	表达	表达正确、规范，符合要求	不正确扣分	20
3	图面	图面整洁、精细，并完成全部任务	不符合扣分	20
4	功效	按计划按时完成任务	按时间完成任务	10
5	工作态度	积极主动	工作态度表现	10
			合计	100

任务二　平面构成的基本规律

【任务分析】

平面构成的基本规律是平面构成设计的具体形式，掌握平面构成的基本规律，对于平面构成设计的表达具有重要作用。

【任务目标】

掌握平面构成的基本规律，通过构思及设计与园林景观设计平面图构建相应联系，并能互换表达。

【任务描述】

小型绿地造型平面设计

1. 任务内容

在规划用地范围内，运用园林造型元素点、线、面、形体、质感，及构成的基本规律表达景观元素。

2. 任务标准

设计方案构图能表达一定的主题思想，构思新颖，创意独特，构图优美，表现细致，彩铅、马克笔淡彩表现。

3. 图纸规格

A3 图纸（图幅 297mm×420mm）

【实例展示】

小型绿地造型平面设计如图 4-7 所示。

图 4-7　小型绿地造型平面设计

【知识链接】

一、重复与近似

1. 重复构成

在平面构成的设计中，用一个形象作为基本形，不断地在同一画面中反复出现，即为重复构成。重复构成能加强人们对某一形象的认识，也可以带来繁复、细腻和平缓的节奏感，在统一形体构筑完整的画面方面也有其独特的效果。但处理不好也会产生单调、贫乏的视觉印象，如图4-8所示。

2. 近似构成

近似是指相同状态下存在微妙差异与变化。重复基本形的轻度变异即是近似基本形。形状的近似可以通过重复基本形的变化获得，如同

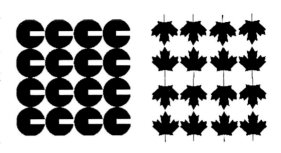

图4-8 重复构成

类别的关系，属同一类型、同一品种、同一范畴的基本形，或者具有相似的功能，可以形成近似形。此外，可以利用形的缺失、变形等手段获得近似基本形。同样，近似骨骼主要是指那些骨骼单位虽然不重复，但又差异不大，在骨骼的外显形态或内在结构方面有许多相同因素的骨骼形式。近似构成中，基本形与骨骼的关系可以是，将近似基本形放入重复骨骼中，或将重复基本形放入近似骨骼中，如图4-9所示。

图4-9 近似构成

二、渐变与发射

1. 渐变构成

渐变是基本形或骨骼在循序渐进的变化过程中呈现出阶段性的构成形式，反映出运动变化的规律。基本形的渐变不仅仅指形体外轮廓的变化，还包含其位置、大小、方向等因素的变化。同时，由一个形象向另一个形象的逐渐变化也是渐变构成的方法之一。而渐变骨骼是指骨骼线以等差数列或等比数列为准作宽窄和方向不同的渐次改变而获得渐变效果的骨骼形式，如图4-10所示。

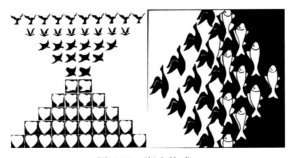

图4-10 渐变构成

2. 发射构成

发射是基本形或骨骼单位环绕一个或多个中心点向外散开或向内集中，骨骼和基本形呈现有序的变化。发射骨骼的种类可分为离心式发射、向心式发射、多中心点发射三种，如图4-11 所示。

图4-11　发射构成

三、特异与对比

1. 特异构成

在规律性骨骼和基本形的构成内，改变其中个别骨骼或基本形的特征，以突破规律的单调感，使其造成鲜明反差，形成动感，增加趣味，即为特异构成。基本形的特异包括大小特异、色彩特异、位置特异、形状特异、方向特异、肌理特异等。特异骨骼可以通过骨骼线规律的转移和规律的破坏来实现特异，如图4-12 所示。

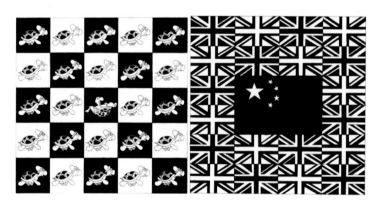

图4-12　特异构成

2. 对比构成

在平面构成的形体组合中，如果形体配置时相互之间存有对立的因素，并且因为这些对立因素的存在，能够使形体其中一方或各自的特征得到一定的加强，称为对比。对比要求是同一性质的对比，如方向对比、位置对比、虚实对比、聚散对比、大小对比、显隐对比和空间对比等。基本形在对比构成设计中可通过保留相近或相似的因素、要素间的相互渗透、设立对比双方中兼有双方特点的中间形态等方法取得对比构成设计的协调，如图4-13 所示。

图 4-13　对比构成

四、密集构成

密集是对比的一种特殊形式，又称结集。在平面构成中，我们把数量众多的基本形，有疏有密、无规律性地排列，这样的构成方式称之为密集。密集的编排方式可以分为点的密集、线的密集和面的密集三种形式，如图 4-14 所示。

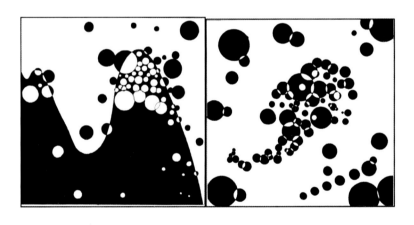

图 4-14　密集构成

五、肌理构成

肌理是指物质内在质地构造的外在反映，也是形象的表面质感，如图 4 – 15 所示。肌理一般分为视觉肌理和触觉肌理两部分。视觉肌理是对物体表面特征的认识，视觉肌理无须用手触摸，也无需用其他肌肤部分接触，仅凭眼睛观看就可感觉到的肌理。触觉肌理是手或皮肤在触摸物体时的感受，是通过肌肤接触而感觉到的肌理。

不同的肌理代表不同的物质，而每一种物质都给人以不同的心理感受。如木纹，因其是木头内在质地的直接反映，而让人感到木头的真实、无华，适合表现人们纯朴、自然、亲切的情感。又如金属，黑白对比鲜明的肌理效果，使人感到金属的冷峻、无情以及光泽感，适合于表现辉煌、冷漠、遥远的情感。

图 4-15　肌理构成

【学习评价】

小型绿地造型平面设计评价见表 4-2。

表 4-2　小型绿地造型平面设计评价表

序　号	考核项目	评分依据	评分范围	分　值
1	创造力	设计方案能表达一定的主题思想，构思新颖，创意独特	不正确扣分	40
2	颜色	颜色搭配合理，色调一致	不正确扣分	20
3	图面	图面整洁、精细，并完成全部任务	不符合扣分	20
4	功效	按计划按时完成任务	按时间完成任务	10
5	工作态度	积极主动	工作态度表现	10
			合计	100

项目 **五** 立体构成

项目引言

　　立体构成是现代设计领域中一门基础造型课，也是一门艺术创作设计课。立体构成和其他所有构成一样是一种针对思维及造型的训练。本项目主要介绍立体构成的概念，形式美法则，立体构成的线材、面材、块材构成和小型园林景观的沙盘制作。

学习目标

　　通过对立体构成的学习，抓住形态的本质特征，加强构思造型的能力，灵活运用各种材料的表现技巧，建立空间意识，提高专业的设计水平。

任务一　立体构成及其形式美法则

【任务分析】

了解立体构成的概念，有助于理解和学习立体构成的相关内容，而形式美法则是决定立体构成作品效果的关键。

【任务目标】

掌握立体构成的概念及要素，理解形式美法则在立体构成中的作用。

【任务描述】

小品或雕塑设计

1. 任务内容

运用一种或多种材料制作一个园林小品或雕塑模型。

2. 任务标准

模型制作选用的材质恰当，形体优美，比例协调，颜色运用合理。

3. 作品规格

底板为 300mm×300mm 的硬卡纸或吹塑板。

【实例展示】

园林小品模型如图 5-1 所示，园林雕塑模型如图 5-2 所示。

图 5-1　园林小品模型

图 5-2　园林雕塑模型

【知识链接】

一、立体构成的概念

立体构成又称空间构成，是运用一定的材料，以视觉为基础、以力学为依据，将造型要素按一定的构成原则组合成符合审美标准的艺术形体，相对于平面构成，立体构成是真实的、多角度的触觉形态。其中点、线、面、体是立体构成的基本要素。

1. 点的元素

点是立体构成中最基本的元素，它具有求新性和醒目性，在视觉艺术信息的传达中总是先吸引注意的表象。点的体积有大有小，形状多样，排列成线，放射成面，堆积成体。点立体是以点的形态在空间产生视觉凝聚的形体，它具有玲珑、活泼的独特效果，如图 5-3 所示。

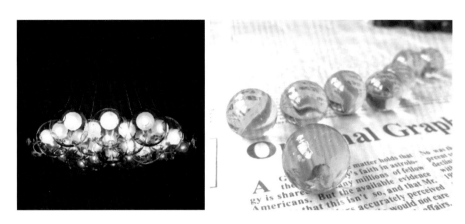

图 5-3　点的形式

2．线的元素

立体构成中线的语言是非常丰富的。就线的形态而言有粗细、长短、曲直、弧折之分，垂直的线所制作的立体构成，会令人产生坚硬、严谨的感觉，而曲线所制作的立体构成，便会令人产生舒展、优雅的感受。同时线的断面又有圆、扁、方、棱之别，材质感觉上有软硬、刚柔，光滑、粗糙的不同。使用断面尺寸较大的粗线制作立体构成，会产生强劲、坚实的感觉，反之会有纤细、锐利的感觉。再有，线材的表面质感也会对构成的效果造成影响，如光滑的钢丝和表面粗糙的麻绳所达到的效果是完全不一样的，如图 5-4 所示。

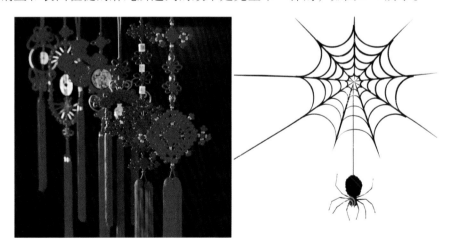

图 5-4　线的形式

3．面的元素

面在几何学中是线移动的形态，也是由块体切割后所形成。面的感觉虽薄，但它可以在平面的基础上形成半立体浮雕感的空间层次，如果通过卷曲伸延，还可以成为空间的立体造型，如图 5-5 所示。

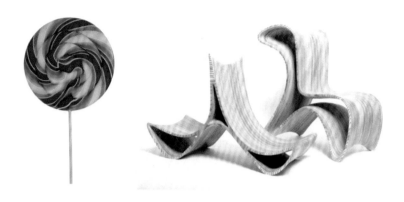

图 5-5　面的形式

4. 体的元素

面的运动轨迹形成体。几何学上的体只有位置、长度、宽度和厚度，但无重量，而形态学上的体有重量，能产生强烈的空间感。体的形态多样，大致可分为几何体块和非几何体块。几何体块具有简练大方、庄重沉稳、秩序感强的特点，如方体、锥体、柱体、圆球、圆环等。非几何体块范围较广，是物体受到自然力的作用而形成的许多不规则体，具有质朴、自然、单纯、坚实的特性。体的视觉感受也与体积有关，体积大的体块浑厚有力、冲击力强，而体积小的体块灵巧、轻盈，甚至给人以点的感觉，如图 5-6 所示。

图 5-6　体的形式

二、立体构成的形式美法则

形式美法则的存在是人类对于自然美和人为美的事物进行系统地研究，并经长期验证所得到的共同结论。一件作品如果具有美的形式，就能马上吸引人的视线，唤起人们对美的向往，从而产生愉悦的心情。形式不美，无法使人产生愉悦的心情，也妨碍内容的表达及人们对内容的接受。因此，立体构成应遵循美学原则，最大可能地增强作品的美感。立体构成的形式美法则有以下几点：

1. 对称与均衡

对称，即以物体垂直或水平中心线为轴，其形态上下或左右对应，包括绝对对称与相对对称两种形式。对称形式能给人以条理的秩序感，产生庄重、严肃、稳重、平和、完美的感觉，但由于缺乏变化，对称也会给人静态、拘谨、呆板、单调的感觉。均衡，即在无形轴的左右或上下各方的形象不必完全相同，但从两者的质与量等方面却有相似的感觉。均衡具有一种变化的活泼感，是侧面的、奇数的、互生的、不规则的，若处理不当也易产生杂乱之感。

2. 对比与调和

对比是指在一个造型中包含着相对的或相互矛盾的要素，强调物质形态的丰富多样性。调和是指造型要素形、色、质等诸方面之间的统一与协调，是要求物质形态应具有整体统一感。对比与调和是相辅相成的，如果物质形态在构成中只一味地追求调和而没有对比，会显得单调乏味，但如果只一味地强调对比而缺乏调和，则会显得杂乱无章。常见的立体构成的对比与调和如形态构成的方与圆、长与短、大与小，方向的对比与调和，实体与空间的对比与调和，色彩与环境的对比与调和，材质的对比与调和等。

3. 比例与尺度

比例是指部分与部分或部分与整体之间的数量比率关系，如等差数列比、等比数列比、根号数列比、贝尔数列比、费勃那齐数列比、调和数列比以及被认为是最美的比例——黄金比等。比例具有科学性，给人严谨、规范、理性、有秩序、完美的感受。但由于过于强调数字化，也会显得拘泥、呆板、冷漠。尺度是人类心理对物质形态关系以及质与量的直观经验判断，判断的敏锐程度直接取决于每个人的实践经验值。尺度更趋于感性化，给人自由、轻松活泼的感受，更能体现艺术的感性特征。

4. 节奏与韵律

节奏与韵律是指同一现象的周期反复。在立体构成中，节奏是指构成要素有规律、有秩序地变化，让人感受到秩序的美感，使形态显得有秩序而整体、单纯；但同时节奏也会给人单调、乏味的感受。而韵律经常伴随节奏同时出现，通过有规律、有秩序的重复、渐变、交错起伏和特异等方法对要素加以表现。

【学习评价】

小品或雕塑设计评价见表 5-1。

表 5-1　小品或雕塑设计评价表

序　号	考核项目	评分依据	评分范围	分　值
1	形体结构	形体结构设计是否合理	不合理扣分	20
2	工具使用	规范使用工具	不正确扣分	20
3	创造力	形体新奇	不符合扣分	40
4	功效	按计划按时完成任务	按时间完成任务	10
5	工作态度	积极主动	工作态度表现	10
			合计	100

任务二　立体构成的材料与方法

【任务分析】

材料是立体构成设计的重要因素，材料的差别决定了立体构成作品表达效果的好坏，因此对于材料的了解是掌握立体构成设计方法的关键。

【任务目标】

了解立体构成的材料，掌握立体构成的方法。

【任务描述】

平立转换练习

1. 任务内容

设计一组三维几何形体，每组 4 个并绘制平面图、立面图。

2. 任务标准

（1）每组几何形体的正投影应相同，可选择正方形、长方形、圆形、椭圆形、三角形、六边形及其他规则形体作为正投影图形。

（2）每个几何形体应从具有一定功能的实物中抽象而来，且在视觉上应具有明显差异，思考功能与形体间的内在联系。

（3）形体应简洁、美观，制作模型的材料统一，以白色为宜。

（4）分形体的设计要注意比例良好，结构逻辑合理。

3. 作品规格

底板为 40cm × 55cm 的吹塑板。

【实例展示】

平立转换练习如图 5-7 所示。

 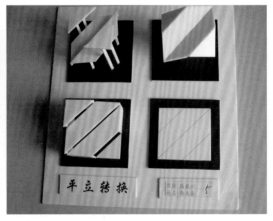

图 5-7　平立转换练习

【知识链接】

一、线材构成

1. 线材及其分类

线材具有长度和方向性，能表现各种方向性和运动力，具有连接空间的作用。按线材的表面效果可分为反光线材、透明线材和普通线材等。按线材的物理属性可分为金属线材和非金属线材等。按线材的韧性程度可分为软质线材、硬质无韧性线材和硬质韧性线材等。

2. 线材的构成形式

线材构成就是利用线材进行的立体构成，具有较强的韵律感。

（1）软质线材的构成。软质线材柔软纤细，构成形式主要有以下几种：

1）自由连续线材构成。自由连续线材构成通常选择硬质韧性线材，运用其柔韧性折曲成抽象的艺术形象，具有较高的艺术审美价值。

2）线层构成。线层构成是指用软线按照一定的秩序在框架上进行排列。线层的立体构成，主要包括平面线层、曲面线层和线织面三种形式，如图 5-8 所示。

图 5-8　线层构成

3）结锁构成。结锁构成是指采用编织、结扣等工艺手段所构成的线材造型。包括基础打结、装饰打结、实用打结和其他结绳类，如图 5-9 所示。

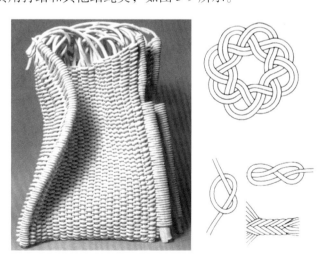

图 5-9　结锁构成

（2）硬质线材的构成。硬质线材的立体构成主要包括垒积构造、桁架构造、框架构造、悬置吊挂构造等四种主要构成形式。

1）垒积构成。垒积构成是把硬质线材进行垒置、插接或粘接，并运用美的形式法则所进行的立体构成形式。垒积构造常用的线材有木筷子、硬钢丝、毛衣针、竹牙签、玻璃棒、不锈钢管、塑料吸管等。常见的组合方式有并列、交错、聚集或发散等，如图5-10所示。

2）线层构成。线层构成是用简单的直线线材，依据一定的形式美法则，作有秩序的单面排列或多面透叠曲面的构成。

3）桁架构成。桁架又称网架，是采用一定长度的线材，以铰接形成三角形，并以三角形为单元运用形式美法则组成构造体。

4）框架构成。框架构成即将线材制作成框架基本形，再以此框架为基础进行空间组合的构成形式。框架的基本形可以是平面的正方形、三角形、圆形、多边形等，也可以是立体的正方体、三棱锥体、多面体、圆柱体等形态。框架的形式又可分为重复框架、渐变框架、近似框架三种基本形式，如图5-11所示。

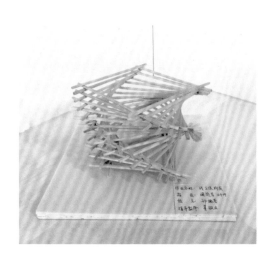

图5-10 垒积构成

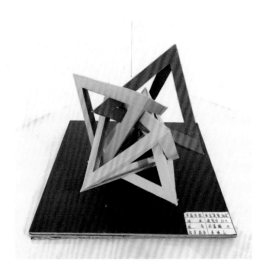

图5-11 框架构成

二、面材构成

1. 面材及其分类

面材是以长宽为形态特征的材料，具有平薄、延展的感觉，具有分割空间、限定空间的作用。按面材的表面效果可分为高反光面材、透明面材、低反光面材、光洁表面面材和粗糙表面面材等。按面材的物理属性可分为金属面材和非金属面材等。按面材的加工特性可分为如下几类：可切割板材，如木板、金属板、纸板等几乎所有板材；可折叠板材，如纸、金属板材等；可模塑成型的板材，如石膏板、塑料板、玻璃纤维板、金属板、有机玻璃板等；可编制成型的板材，如网、竹编、草编、金属丝编等材料。

2. 面材的构成形式

（1）直面结构。

1）层面排列。层面排列是指用若干直面进行各种有秩序的连续排列而形成的立体形态。层面排列的材料一般为硬纸板、薄纸板、塑料片、金属片、玻璃片等面材。每个单位的形体可以是直面，也可以是折叠或弯曲的形态。层面的排列可以是平行的、错位的、发射的、旋转的、弯折的等，层面可以以重复、近似、渐变等手法做规律性的变化，如图5-12所示。

图5-12 层面排列

2）切割折叠。在纸面上作切线，将这些线折叠使之凸起或凹陷，创造浮雕式立体造型。切割加工，通过切割去掉面料中多余部分，从而转化为立体，是将平面材料转换成立体的主要手段之一，如图5-13所示。

（2）插接结构。面材的插接结构是将面材裁出缝隙，然后相互插接。用来插接的单体可以是相同形、相似形，也可以是完全不同的形态；既可以是平面形态，也可以是立体形态。插接结构是多个面材之间的一种组合方式，具有丰富的表现力，如图5-14所示。

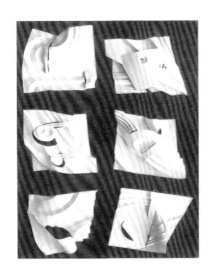

图5-13 切割折叠

图5-14 插接结构

（3）曲面结构 。

1）带状构造。当面材的长度与宽度比例差别较大时，就形成了带状形态。在带状形态中，既保留了面材的特征又具有线材的特征。带状构造在艺术设计中作为抒发情感、创造优美意境的媒介，如图 5-15 所示。

图 5-15　带状构造

2）切割翻转。切割翻转是将面材进行切割、开口等加工之后，再利用开口进行翻转处理的立体造型。在切割翻转的造型构成中，通常选用绘图纸、铜版纸等有一定韧性的面材。

（4）柱体结构。面材柱体是指将面材经过弯曲或折叠加工之后所构成的中空柱体，可分为圆柱体和棱柱体两种基本型。依据棱的数量，面材棱柱体又可以分为三棱柱、四棱柱和多棱柱等。可通过对柱面、柱端和柱棱结构的变化使柱体产生新鲜而生动的视觉效果。变化的方法有切孔开窗、表面附加和切缝折叠等，如图 5-16 所示。

图 5-16　柱体结构

（5）多面体。多面体按基本结构可以分为柏拉图多面体和阿基米德多面体两种类型。柏拉图多面体主要有正四面体、正六面体、正八面体、正十二面体、正二十面体 5 种，其特点是每个多面体都由等同的一种正多边形构成，面的顶角构成多面体的顶角。阿基米德多面体主要有等边十四面体、等边二十六面体、等边三十二面体等多面体。多面体结构如图 5-17 所示。

（6）多面体变异结构 。多面体的变异结构是在正多面体结构的基础上，在棱线、球面

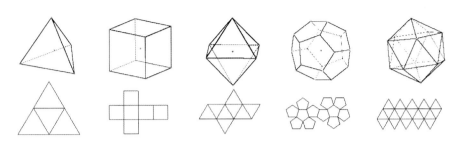

图 5-17 多面体结构

或顶角上进行变异加工的构成形式。多面体变异构成的加工形式有切割顶角变异构成、凹凸变异构成、透雕造型和单面拼接球体等，如图 5-18 所示。

1）切割顶角变异构成。把一个正多面体结构的顶角按一定的尺寸平行切割掉，原来顶角占有的位置就成了一个正多边形的平面，从而增加了球体面的数量，使其更接近于球体。

2）凹凸变异结构。凹凸变异结构是指在正多面体变异构成的基础上，在其顶角上或球面上向球体内凹入形或由球体内凸出形所形成的具有凹凸变化的构成。

3）透雕造型。以正多面体、多面体凹凸变异结构、切割顶角变异结构等为基础，把某些平面镂空切割掉，便可形成有通透效果、空间感强的透雕造型。

图 5-18 多面体变异

4）单面拼接球体。把正多面体或多面体变异结构的每一个面制作成一个单独的面，然后由各个面组合成一个完整的球体结构。

三、块材构成

1. 块材及其分类

块材具有连续的表面，能最有效地表现空间立体，具有很强的体量感。块材形态的塑造，主要包括添加法和削减法两种形式。添加法即在原型的基础上，根据表现意向进行不断叠加，即加法设计，可以用添加法的材料有泥巴、橡皮泥、石膏、油泥、泡沫塑料等。削减法，是指在硬质坯料上进行切削、研磨的减法设计，可以用削减法的材料有石材、玉器、木材，石膏等。

2. 块材构成

（1）块材的切割。线型的切割包括直线平行切割，即通过垂直与水平线型的不同宽窄的切割，可产生不同大小、厚薄、错落有序的形态对比；直线斜向切割，如在正方体块材上，通过一定斜度的切割，可产生不同大小、体量的三角形、锥形和梯形等形态；曲线切割；曲面的直线切割，即在圆球体、圆柱体、圆锥体上，进行垂直、倾斜、回旋的直线切割，所产生的形态面层能较好地加强曲与直的对比之美，如图 5-19 所示。

（2）块体的立体组合。块体的立体组合包括块体的积聚组合和块体的结构方式，如图 5-20 所示。

图5-19　块材的切割

图5-20　块体的立体组合

【学习评价】

平立转换练习评价见表5-2。

表5-2　平立转换练习评价表

序　号	考核项目	评 分 依 据	评 分 范 围	分　值
1	平立转换	平面、立面转化是否合理	不合理扣分	30
2	工具使用	规范使用工具	不正确扣分	20
3	创造力	形体新奇	不符合扣分	30
4	功效	按计划按时完成任务	按时间完成任务	10
5	工作态度	积极主动	工作态度表现	10
			合计	100

任务三　小型园林景观沙盘制作

【任务分析】

了解园林沙盘制作过程和制作方法，通过模型表达的立体手法，可以直观地展现整体设计方案。

【任务目标】

通过制作真实、立体的模型,既锻炼了学生的动手制作能力,又补充和深化了学生对园林建筑设计、园林工程、园林植物、园林景观设计等相关课程所涉及的工程项目的综合设计能力。

【任务描述】

别墅景观沙盘制作

1. 任务内容

在 A3 图纸上按比例进行小型别墅的景观平面图设计,设计定稿完成后,在 450mm ×600mm 的硬卡纸或吹塑板上进行别墅沙盘制作。

2. 任务标准

景观设计合理,比例标准,沙盘制作精细、合理。

3. 作品规格

底板为 450mm ×600mm 的硬卡纸或吹塑板。

【实例展示】

别墅景观沙盘实例如图 5-21 所示。

图 5-21 别墅景观沙盘实例

【知识链接】

一、园林模型材料

1. 主材类

纸板类、KT 板、有机玻璃板、泡沫聚苯乙烯板、塑料板、木条、木板、竹签等，如图 5-22 所示。

2. 辅助材料

钢丝、黏土、油泥、铺装粘纸、黏合剂类、仿真草皮、绿地粉、染料类以及其他型材等，如图 5-23 所示。

图 5-22　主材

图 5-23　辅助材料

二、工具类

1. 绘图工具

丁字尺、三角板、直尺、比例尺、圆规、圆模板、游标卡尺、蛇尺等。

2. 操作工具

壁纸尺、剪尺、美工刀、剪钳、手锯、热熔枪、毛刷、乳白胶、水粉笔、水粉颜料等。

三、制作步骤

1. 比例确定

依据设计图样，借助尺规等工具计算出合理的模型比例。

2. 材料排版

将预先准备好的等比例的模型图样粘贴在要切割的板材上，然后直接进行切割，得到所有模型。

3. 材料加工

制作建筑及小品时，如用到不同材料，在切割完材料后再予以组合。

4. 绿化及其他配景

植物的制作是首先，在树模上均匀地涂上乳白胶，略放置 5min，然后撒上绿地粉，等待胶完全干透即可，如图 5-24 所示。

图 5-24　植物的制作

5. 底盘制作

在总平面图设计完成时，就可按图纸在底盘上进行绘制，并按底盘的纸绘制样式进行模型制作，如图 5-25 所示。

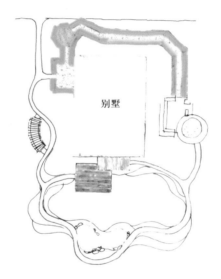

别墅

图 5-25　绘制平面图

6. 组合

将所有制作完的模型在底盘上按模型图样进行组合固定，如图 5-26 所示。

图 5-26　别墅景观沙盘

【学习评价】

别墅景观沙盘制作评价见表 5-3。

表 5-3　别墅景观沙盘制作评价表

序　号	考核项目	评分依据	评分范围	分　值
1	平面设计图	设计合理，表现优美	不符合扣分	30
2	工具使用	规范使用工具	不正确扣分	20
3	沙盘制作	比例准确，做工精美	不符合扣分	30
4	功效	按计划按时完成任务	按时间完成任务	10
5	工作态度	积极主动	工作态度表现	10
			合计	100

项目 六 园林景观快题设计

设计过程的表现是设计师能力的重要反映，而其中起着决定性作用的是设计师的思维，快题设计的图面上清晰地留有设计师思维活动的轨迹，是其设计能力的反映。在风景园林这个行业中，快速设计其实是司空见惯的，它一般会作为完成设计工作的常见工作方式，或者作为设计者交流的媒介，又或是作为考核设计师水平的方法，还可以作为训练设计能力的手段。所以，快题设计是我们走上设计师这条道路必须要掌握的技能。

掌握园林景观快题设计的步骤及要点，能独立进行简单的快题设计。

任务一　园林景观快题设计绘制要点

【任务分析】

通过本任务的学习，使学生掌握快题设计的绘制方法，进而为做快题设计打下基础。

【任务目标】

掌握园林景观快题设计图的常用符号，常用分析图，剖面图、立面图、效果图及鸟瞰图的绘制方法。

【任务描述】

快题抄绘

1. 任务内容

学习快题设计的表达方式并抄绘一张完整的快题设计。

2. 任务标准

构图合理，表现和谐、均衡，图面优美、精细。

3. 图纸规格

A2 图纸（图幅 420mm×594mm）

【实例展示】

快题设计如图 6-1 所示。

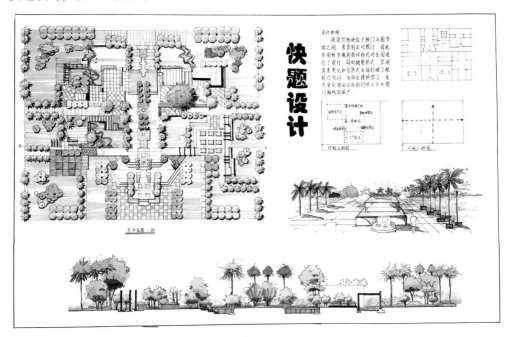

图 6-1　快题设计

【知识链接】

一、分析图的绘制

一般在快题设计中常见的分析图有功能分析图（图6-2）、交通分析图（图6-3）、空间分析图（图6-4）、景观节点分析图（图6-5）等。

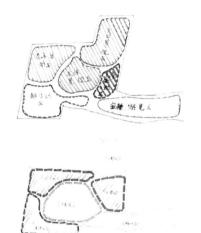

图6-2 功能分析图

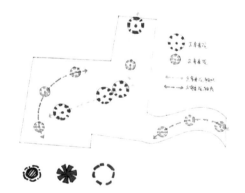

图6-3 交通分析图

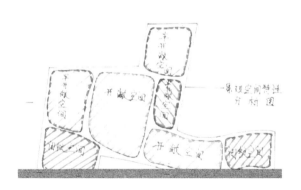

图6-4 空间分析图

图6-5 景观节点分析图

二、平面图的绘制

在平面图、立面图、剖面图、鸟瞰图、透视图中，平面图是最重要的。因为整个园林景观设计的平面局部很重要，所有空间的性质、功能、形态全部都会在平面中表现出来。

我们应从以下几个方面做好准备：

1. 符号图示

快题设计虽然时间紧张，并多数为徒手表现，但并不表示会放松对制图尺度的要求，相反，比例、图标等制图要求是非常重要的，指北针、比例尺及风标玫瑰的画法如图6-6所示。

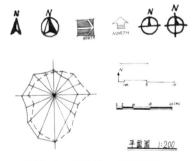

图6-6 指北针、比例尺及风标玫瑰的画法

2. 线性标识

设计表现中常常以线划定空间，表现物体的体积，还可以表现物体的纹理。但在平面图中的线应严格按制图标准来表现，例如等高线是虚线，建筑的外围轮廓线应加粗等。等高线、水体线、建筑外围轮廓线的画法如图 6-7 所示。

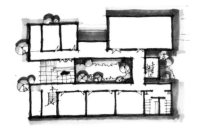

图 6-7　等高线、水体线、建筑外围轮廓线的画法

3. 图纸层次

总平面图应遵循先画建筑、再画道路、然后是节点、最后表现环境的次序依次画图。

4. 色彩控置

平面图的整体色调应表达一致，注意色彩搭配。景观轴上的行道树可以用较为突出的颜色上色，以突出景观轴线。

三、立面图、剖面图的绘制

仅用平面图并不能完全表现设计效果，还须加上立面图、剖面图，从立体空间上展示设计效果。立面图和剖面图比平面图更接近现实，更容易让人理解，如图 6-8 所示。

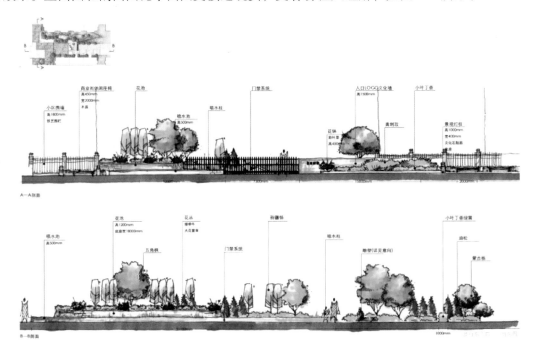

图 6-8　剖面图

四、效果图及鸟瞰图的绘制

效果图在进行快题设计时临场创作会比较难，占用时间相对较多，所以我们可以先练习几个容易变换的效果图。效果图的绘制最好选择两点透视，图中可有人物、小品、植物等，应增加一些简单的元素，不要添加一些复杂元素，否则会浪费时间，如图 6-9、图 6-10 所示。

图 6-9　效果图

图 6-10　鸟瞰图

五、注意事项

1. 常见园林规范

一级道路 6~8m，二级道路 3~4m，三级道路 1~2m。室外座椅的高度一般为 0.38~0.4m，宽度为 0.4~0.45m，单人座椅长度为 0.6m 左右，双人座椅长度为 1.2m 左右依次类推。机动车停车位大于 50 个时，出入口不少于 2 个；机动车停车位大于 500 个时，出入口不少于 3 个，出入口宽度不小于 7m；篮球场的规格为宽 15m，长 28m；羽毛球场的规格尺寸为宽 6.10m，长 13.40m，如图 6-11 所示。

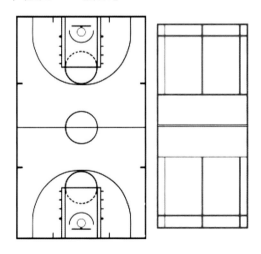

图 6-11　篮球及羽毛球场地示意图

2. 版面设计

介绍两种简单的版面设计，如图 6-12 所示。

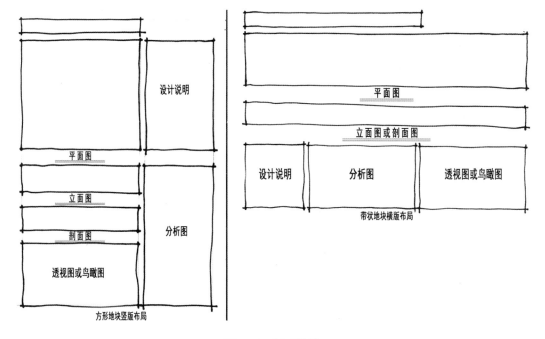

图 6-12　版面设计

【学习评价】

快题抄绘评价见表6-1。

表 6-1　快题抄绘评价表

序　号	考核项目	评 分 依 据	评 分 范 围	分　值
1	构图	图面和谐优美，构图严谨	不符合扣分	30
2	表达	表达正确、规范，符合制图要求	不正确扣分	20
3	字体	结构合理，笔画正确，字体端正	不符合扣分	20
4	图面	图面整洁、精细，并完成全部任务	不符合扣分	30
			合计	100

任务二　园林景观快题设计分步解析

【任务分析】

园林景观快题设计是指在一定的设计条件下，经过较短时间的筹划，将设计师完整的设计意图快速地表达在图纸上。它通常包含场地分析、功能定位、功能布局、景观结构、空间细化、植物配置以及地形的处理。

无论什么景观设计任务都是综合性的，要在繁杂的头绪中梳理出可以表达的脉络，并且把它们的艺术性表达出来，需要设计师具备优秀的构图技巧、手绘表达能力及组织经验。其中，表达技巧正是本任务需要重点解决的问题。

图解的过程是一种发现的过程，这样的发现过程非常符合设计创作的原理，我们要将"脑—眼—手—图"四位一体的过程，完整地表现出来。其中脑、眼是生活经验的积累，相关艺术作品内容的沉淀，而手、图才是我们最终要展现出来的果实。

将园林景观快题设计所包含的内容分项，进行单体训练。

【任务目标】

熟悉并掌握园林景观的设计程序，并能独立绘制完整的园林景观快题设计图。

【任务描述】

快题设计

1. 任务内容

（1）在 150m×70m 的示范区（售楼处）地块中进行方案设计。

（2）以 1:600 的比例绘制整体平面功能规划图。

（3）以 1:600 的比例绘制立面图，绘制透视效果图。

（4）写出不少于 150 字的设计说明，可以简要介绍场地布置的构思与特点以及设计创新点。

2. 任务标准

画面整洁，布局合理，功能定位准确。

3. 图纸规格

A2 图纸（图幅 420mm×594mm）2 张

【实例展示】

示范区景观快题设计如图 6-13 所示。

【知识链接】

一、场地分析

园林景观快题设计的任务书中一般会包含四个内容：场地概况、图纸要求、时间要求、设计要求，通常会以文字结合场地平面图来说明场地的概况，从而向设计者提出明确的设计要求和目标。场地分析是整个设计的切入点，对设计会起到关键性作用。场地特有的信息会使得我们的方案具有独特性。任务书图解如图 6-14 所示。

二、功能定位

场地的周围环境决定着使用人群活动的需求，而人群活动的需求又决定了景观功能的定位。例如：社区公园的景观设计，则应考虑周围居民以及一些上班人群的需求；居住区的景观设计，则应考虑小区里的老人、儿童，以及邻里之间的生活需求；商业区的景观设计，则应主要考虑过街路人、公司白领、购物人群的需求。功能定位要满足使用者的要求，这是设计的目的。功能至上，形式服从功能。整个方案的功能定位准确，是设计案例成功的前提，一般进行功能定位的分析就是对场地的解读和对所服务对象的分析。

图 6-15 所示的功能定位图，左图显示了场地的现存条件，右图是对场地理解后做出的功能定位方案。

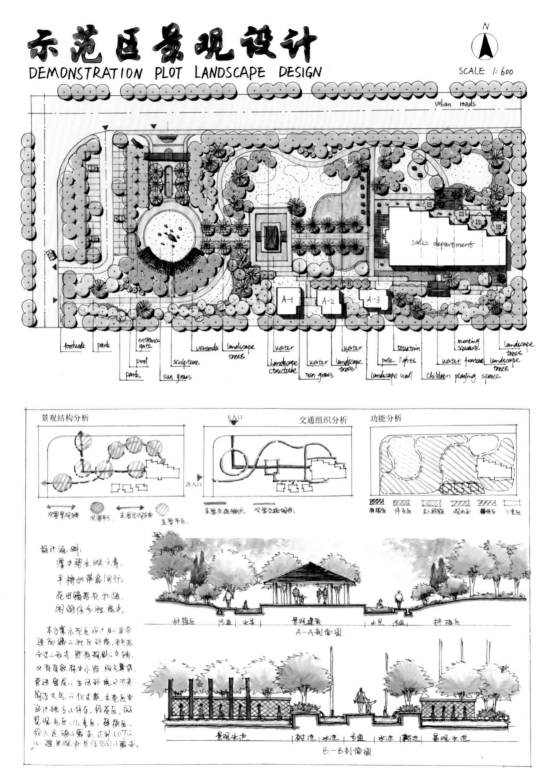

图6-13 示范区景观快题设计

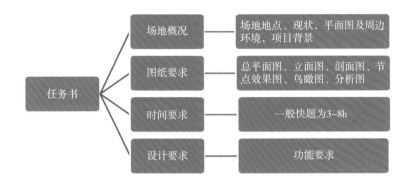

图 6-14　任务书图解

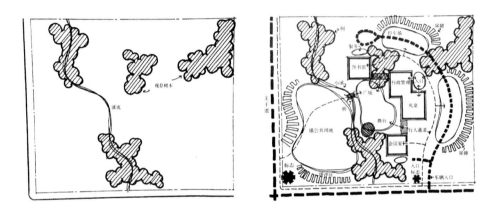

图 6-15　功能定位图

三、功能分区

功能分区是根据场地的特性和其制约条件，明确规划范围内的各个部分的功能，进行空间的配置。功能分区要注意区与区之间的联系，同时也要考虑到场地的原有地形地貌。例如：大面积的湖泊，则考虑设计水上活动区；临近河道水体的地方，宜设计滨水散步带；平坦地区可以设计为大规模的活动区，但必须要靠近疏散通道或出入口；丘陵坡地，一般会设计生态绿化区，进行植物造景，形成绿色景观带；管理区一般会设置在园内隐蔽处。

一般功能分区的原则有以下三点：一是开放与封闭原则，二是动静原则，三是公共和私密原则。

依据场地设计的性质、主题及定位的不同，功能分区的类型也是多种多样的，常见的有：休闲游憩区、娱乐活动区、儿童活动区、老年活动区、体育健身区、安静休息区、生态休闲区、观赏游览区、文娱教育区、中心活动区、文化体验区、安静游览区、生态观赏区、园务管理区等。

四、景观分析

景观分析有三种表现形式：自然式、规则式、混合式。单纯的自然式和规则式的景观分析图是很少见的，而混合式的景观分析图则比较常用，一般多数会以其中某一种为主导。

景观分析图一般由入口、道路、水系、节点四个部分构成，而这四个部分又是动态调整的过程。道路的位置取决于入口，因此入口对景观分析图起着重要作用，而道路一般会形成景观轴线，景观轴线往往又连接着各个景观点，如若设计中有水系，则道路、景观点、水系之间又应产生密切的联系。

景观分析是整个设计的"骨骼"，一个好的景观分析图有助于设计的整体控制。

景观分析图的构思应注意以下六点：

（1）主入口一般设在人流量较大的位置，便于人们进入。

（2）设计地块内的道路可以参照其外围周边的道路系统，与周围的路网垂直或平行，让它符合城市肌理，融入环境。

（3）景观节点应有主次之分，而主要节点和主轴应是密切相关的。

（4）景观轴线应起到统领全局、控制空间结构的作用。

（5）应善于应用对景，从而形成虚轴。

（6）景观分析图要有一定的秩序感，轴线正是秩序的切入点。

五、空间细化

景观空间是由各种园林设计要素如小品、植物、水体、建筑、山石、地形等构成的空间，它具体会表现为水体空间、草坪空间、广场空间、道路空间等。

空间一般划分为：封闭空间、开放空间、半封闭空间。

空间细化主要是对景观节点进行细化。景观节点的确立只是把节点的位置给定下来，而具体的空间细化还应进一步设计完成。下面举几个例子：

（1）在方格网里做空间设计的三种方案，直线方案如图 6-16 所示，弧形和相切的方案如图 6-17 所示，不规则的方案如图 6-18 所示。

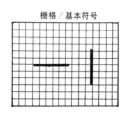
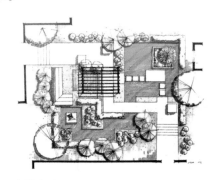

图 6-16　直线方案

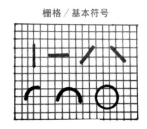
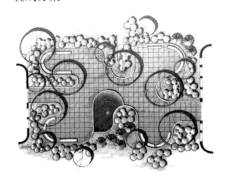

图 6-17　弧形和相切的方案

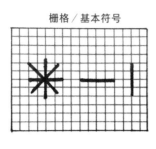

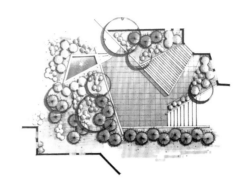

图 6-18   不规则的方案

（2）竖向空间的细化，一般用桥、台阶等，如图 6-19 所示的下沉式广场。

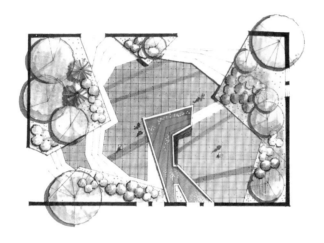

图 6-19   下沉式广场

（3）设计元素围合空间，如图 6-20 所示由植物及景墙围合的空间。

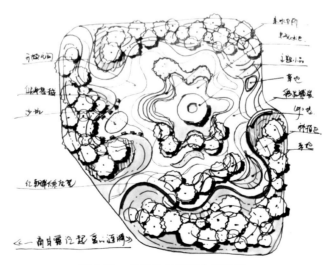

图 6-20   植物及景墙围合的空间

六、植物配置

植物配置是园林设计中的重要环节，按植物的生态习性和景观布局要求，合理配置设计中的各种植物，可以充分发挥它们的观赏性以及功能性。

植物配置一般包括两个方面：一是植物与植物之间的配置，例如乔、灌木的结合，灌木、绿篱的结合等，应从平面、立面的构图、色彩以及季相方面考虑；二是植物与其他要素如山石、水体、建筑、园路等之间的配置。

植物配置有以下几点原则：其一，形态优美。不同冠幅的乔木组合会形成富有动感且优美的林缘线，注意树丛应画得饱满圆润。其二，疏密原则。植物配置设计中要疏密有致，不应平均对待，切忌勿太散乱或太均衡配置。其三，边缘原则。在配置过程中要注意植物空间的开敞与围合，并应考虑到立面两侧的视觉效果。其四，层次性原则。植物配置形成草地、疏林、密林多个层次，以达到立面空间景观丰富。其五，强化景观结构。在景观轴线上种植行道树，可以凸显轴线。

【学习评价】

快题设计评价见表6-2。

表6-2　快题设计评价表

序　号	考核项目	评分依据	评分范围	分　值
1	前期准备	查找资料，做好设计前准备	是否查找	10
2	版面构图	构图美观、布局合理	不正确扣分	20
3	方案设计	园林功能分区图定位科学、合理、有效，景观结构布局图层次清楚	不正确扣分	40
4	方案表现	功能分区图、景观分区图、景观结构布局图表现准确、美观	不符合扣分	20
5	功效	按计划高质量完成任务	按时间完成任务	10
			合计	100

项目七 作品实例

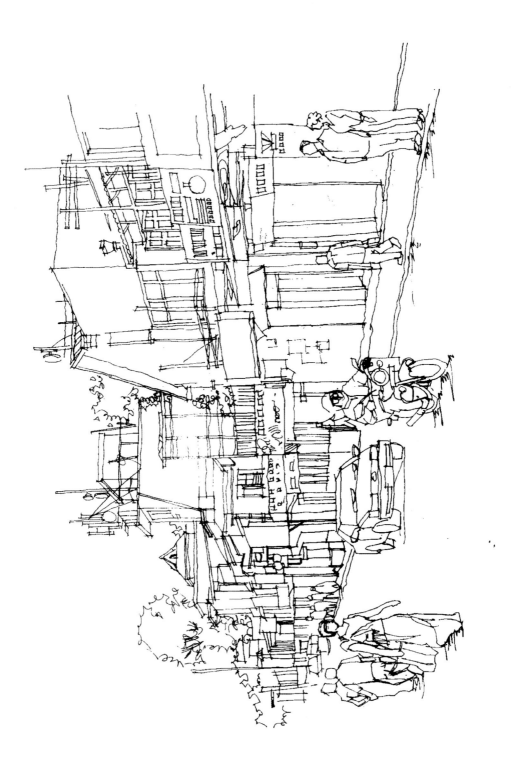

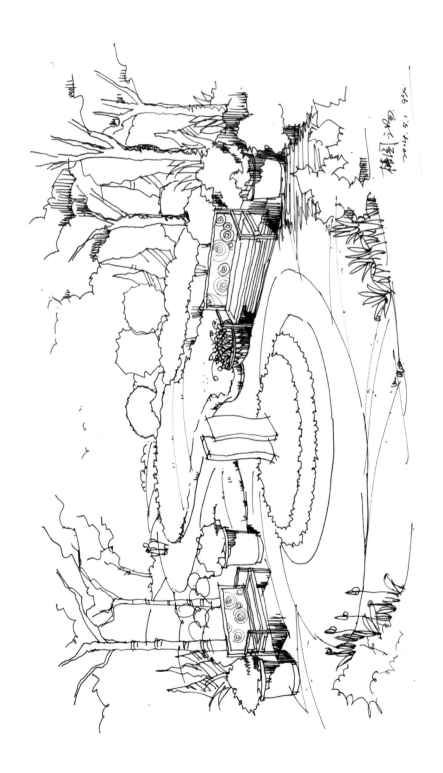

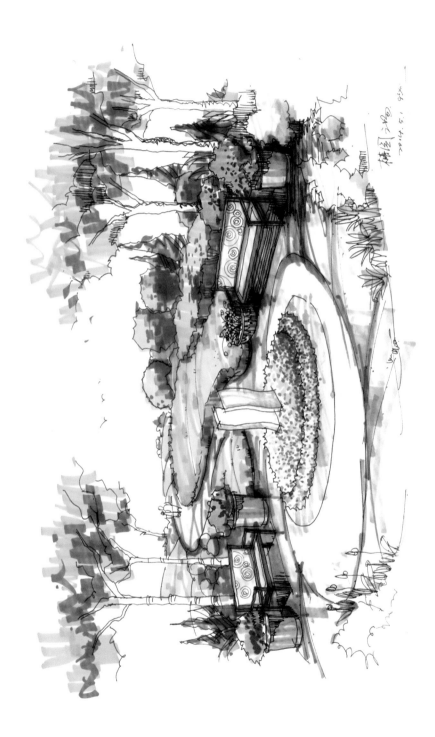

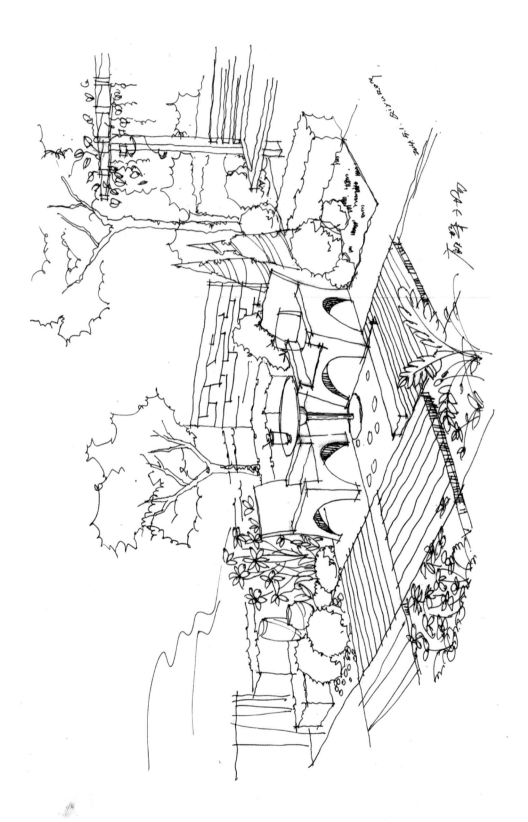

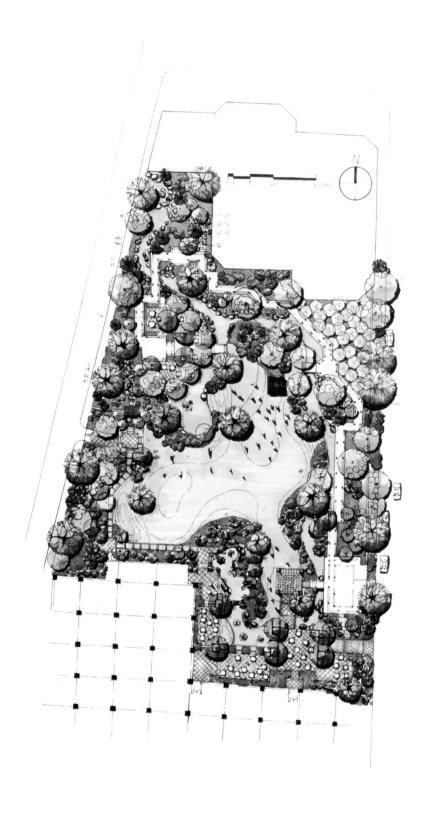

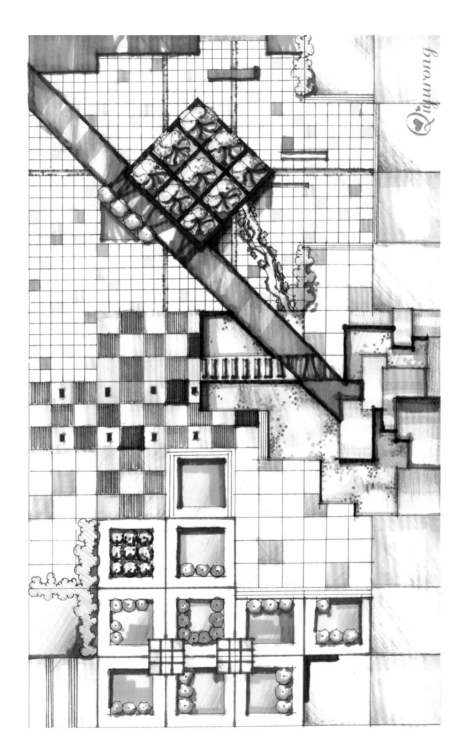

校 园 广 场 设 计 (一)

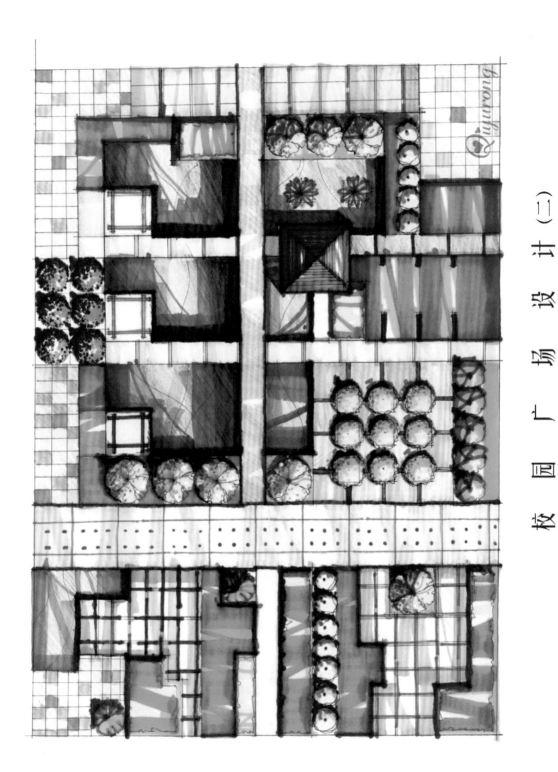

校 园 广 场 设 计 (二)

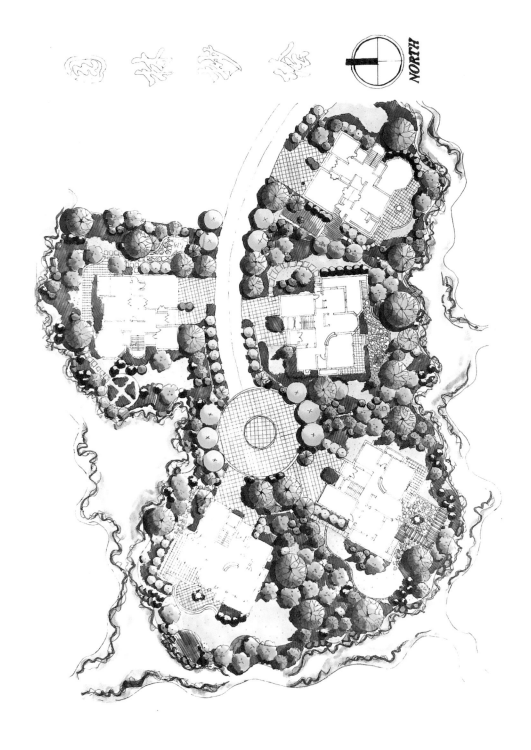

NORTH

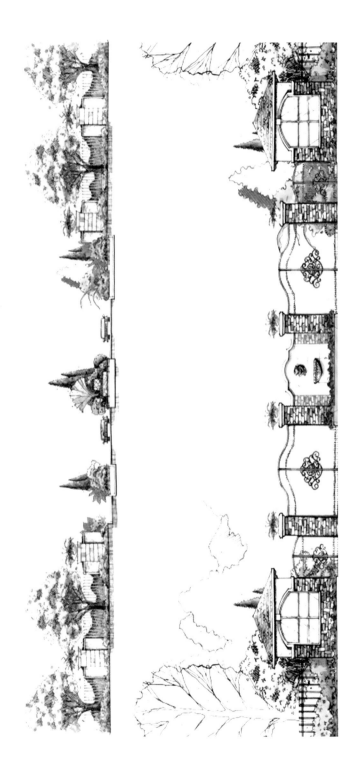

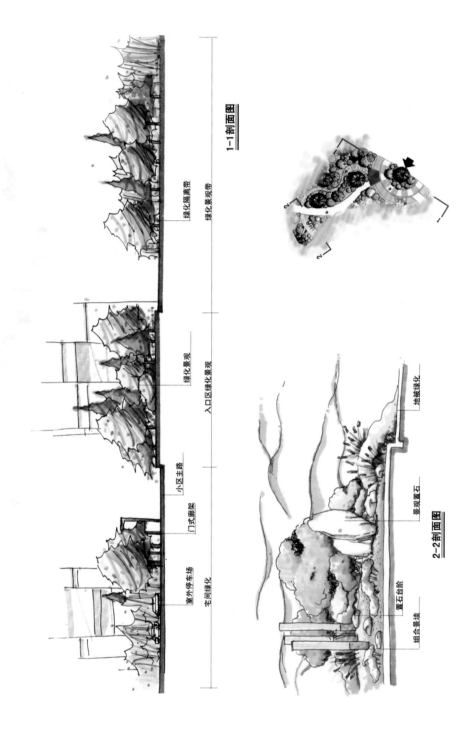

1-1剖面图

绿化隔离带

绿化景观带

绿化景观

入口区绿化景观

小区主路

门式廊架

室外停车场

宅间绿化

2-2剖面图

地被绿化

景观置石

置石台阶

组合景墙

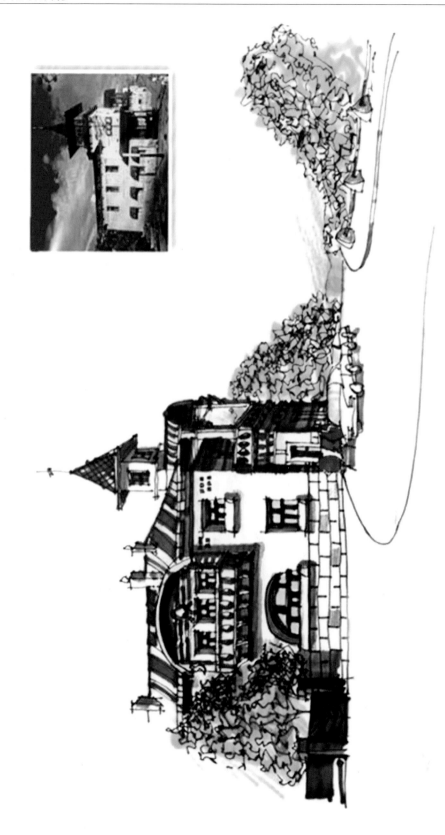

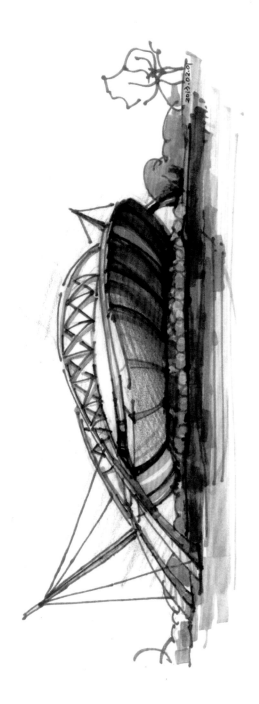

参 考 文 献

[1] 史云鹏. 钢笔仿宋字技法 [M]. 北京：金盾出版社，2011.

[2] 毛德宝. 版面编辑设计 [M]. 南京：东南大学版社，2007.

[3] 王晓俊. 风景园林设计 [M]. 3 版. 南京：江苏科学技术出版社，2009.

[4] 张维妮. 园林设计初步 [M]. 北京：化学工业出版社，2010.

[5] 范文东. 色彩搭配与技巧 [M]. 北京：人民美术出版社，2006.

[6] 万生彩. 色彩心理学：破译色彩与性格的秘密 [M]. 吉林：吉林出版集团有限责任公司，2013.

[7] 野村顺一. 色彩心理学 [M]. 张雷，译. 海口：南海出版公司，2014.

[8] 三道手绘考研快题培训中心. 设计手绘快速表现 [M]. 武汉：华中科技大学出版社，2014.

[9] 孙述虎. 景观设计手绘——草图与细节 [M]. 南京：江苏人民出版社，2013.

[10] 夏克梁. 手绘教学课堂——夏克梁景观表现教学实录 [M]. 天津：天津大学出版社，2008.

[11] 刘男，孙晓铭. 建筑设计徒手快速表达 [M]. 哈尔滨：东北林业大学出版社，2010.

[12] 华元手绘（北京）教研组. 设计手绘建筑钢笔快速表现与实例 [M]. 武汉：华中科技大学出版社，2014.

[13] 李明同，杨明. 园林景观表现摹本 [M]. 沈阳：辽宁美术出版社，2013.

[14] 罗迅. 建筑与景观的设计草图 [M]. 沈阳：辽宁科学技术出版社，2014.

[15] 王芃，曾俊. 设计基础 [M]. 重庆：西南师范大学出版社，1997.

[16] 于国瑞. 平面构成 [M]. 北京：清华大学出版社，2012.

[17] 田学哲，郭逊. 建筑初步 [M]. 北京：中国建筑工业出版社，2010.

[18] 陈组展. 立体构成 [M]. 北京：北京交通大学出版，2011.

[19] 徐时程. 立体构成 [M]. 北京：清华大学出版社，2007.

[20] 迈克·W·林. 建筑设计快速表现 [M]. 王毅，译. 上海：上海人民美术出版社，2012.

[21] 三道手绘考研快题培训中心. 景观快题设计方案：方法与评析 [M]. 武汉：华中科技大学出版社，2013.

[22] 许浩. 景观设计从构思到过程 [M]. 北京：中国电力出版社，2010.

[23] 张迎霞，林东栋. 景观快题方案——设计方法与评析 [M]. 沈阳：辽宁科学技术出版社，2011.

[24] 蔡惠芳. 手绘表现图技能实训 [M]. 哈尔滨：哈尔滨地图出版社，2009.

[25] 刘学军. 园林模型设计与制作 [M]. 北京：机械工业出版社，2011.

[26] 朴永吉，周涛. 园林景观模型设计与制作 [M]. 北京：机械工业出版社，2006.

[27] 格兰特·W·里德. 园林景观设计——从概念到形式 [M]. 郑淮兵，译. 2 版. 北京：中国建筑工业出版社，2013.

[28] 同济大学建筑与城市规划学院. CJJ67—1995 风景园林图例图示标准 [S]. 北京：中国建筑工业出版社，1995.